U0571752

服装缝制工艺

第2版

主　编　常　元　杨　旭

副主编　薛飞燕　李　君

参　编　孙福多

FAS HION

北京理工大学出版社

BEIJING INSTITUTE OF TECHNOLOGY PRESS

内 容 提 要

本书为"十四五"职业教育国家规划教材·修订版。全书详细介绍了服装缝制工艺基础方面的专业知识，以及裙装、裤装、衬衫、西装、风衣、大衣等不同类别服装工艺设计与制作的相关知识，包括面料的选择、成衣规格设计、面辅料裁剪、工艺设计、工艺制作、缝制质量要求等。全书图文并茂，提取服装制作环节中的核心知识点、技能点，通俗易懂，简便易学，并配备大量的实训练习和丰富的数字化资源，对应服装制版、制作从业资格证的相关内容。

本书可作为高等院校服装专业教材，也可作为广大服装爱好者和从业者的参考书。

版权专有　侵权必究

图书在版编目（CIP）数据

服装缝制工艺 / 常元，杨旭主编. -- 2版. -- 北京：
北京理工大学出版社，2024.4
　　ISBN 978-7-5763-3830-0

　　Ⅰ.①服… Ⅱ.①常… ②杨… Ⅲ.①服装缝制
Ⅳ.① TS941.63

　　中国国家版本馆 CIP 数据核字（2024）第 080580 号

责任编辑： 孟祥雪	**文案编辑：** 孟祥雪
责任校对： 周瑞红	**责任印制：** 王美丽

出版发行 / 北京理工大学出版社有限责任公司

社　　　址 / 北京市丰台区四合庄路 6 号

邮　　　编 / 100070

电　　　话 /（010）68914026（教材售后服务热线）

　　　　　　　（010）68944437（课件资源服务热线）

网　　　址 / http：//www.bitpress.com.cn

版 印 次 / 2024 年 4 月第 2 版第 1 次印刷

印　　　刷 / 河北鑫彩博图印刷有限公司

开　　　本 / 889 mm×1194 mm　1/16

印　　　张 / 10.5

字　　　数 / 294 千字

定　　　价 / 88.00 元

FOREWORD 前言

我国正处在"迈上全面建设社会主义现代化国家新征程、向第二个百年奋斗目标进军的关键时刻"，深入贯彻落实党的二十大会议精神，推动纺织服装行业向"高端化、智能化、绿色化"发展，巩固优势产业领先地位，构建一批新一代信息技术、人工智能、绿色环保等新的增长引擎，是职业教育的重要使命，对于行业发展意义重大。加强教材建设，推动"三教"改革，是实施"科教兴国战略"的有力支撑。

大数据时代丰富与创新了教材的表现形式，对于以实训为主的服装制作工艺而言，以数字化形式表现更为直观，易于接受。本书兼顾传统教材与数字化资源的特点，从典型服装的常规工艺出发，提炼各个环节的关键能力、知识点。

由于服装的单件制作与服装企业成衣的工业化流水生产在工艺上、设备上存在一定差异，因此本书考虑教学过程和实训学习的可操作性的客观条件，以实训教学为主。本书弘扬社会主义核心价值观，坚持立德树人、全面发展的原则，践行课程思政与专业教育的渗透融合，通过知识传授、技能训练，采取多元化人才培养形式，引导学生形成正确的从业观、价值观，提升社会责任感，培养德技兼修的高素质技术技能人才。

本书由工艺基础、裙装、裤装、衬衫、西装类、大衣类等内容组成，每一项目均以典型服装为代表，从面料、结构、裁剪、工序、缝制工艺、质量标准等方面完整阐述成衣制作全过程，保障教学过程的同步性。课后为学生提供实训任务，让学生多思考，多练习，从而举一反三、触类旁通。

本书项目一中任务一、任务二由李君编写，任务三、任务四由薛飞燕编写，项目二、项目四、项目六（不包括拓展环节）由杨旭编写，项目六中的拓展环节由企业技师孙福多编写，项目三、项目五由常元编写。视频制作者为李君，文字编辑为常元。

本书编写过程中得到知名企业大杨集团、大连信合皮装有限公司技术上的大力支持，特向这些服装企业表示真挚的谢意。由于编写时间仓促，加之编者水平有限，书中难免存在疏漏之处，敬请广大读者提出宝贵意见。

编 者

教材使用说明

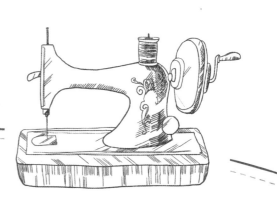

CONTENTS
目 录

项目一
缝制工艺基础

任务一　手缝工艺

学习目标　了解手缝工具，熟悉针法的应用范围，掌握不同的手针技法。

知识要点　手针技法与应用，面辅料的相关知识。

技能要点　根据不同的缝合要求选择对应的针法，能掌握不同面料的基本性能和鉴别方法。

素质要点　具有耐心细致的工作和端正的学习态度、传统技艺的保护意识、深厚的爱国主义情怀。

一、手缝工艺主要工具

1. 手缝针（手针）

随着现代工艺水平的提高，服装制作中手工部分比例越来越大，手工工艺的应用，显示了服装的档次和品质的保障，特别是高定西装、礼服等。手工技艺需要经过不断的练习才能达到定制类成衣要求，初学者经过不断的练习才能逐渐熟练、精巧。手针是最基本的工具，按不同的长度、粗细对应不同的号码。

手针随型号的不同，长度和粗细各不相同，分别适用于不同的缝制材料和应用条件。手针的型号与使用范围，见表 1-1。

表 1-1　手针的型号与使用范围　　　　　　　　单位：mm

针号	1	2	3	4	5	6	7	8	9	10	11	12	13	14	15
直径	0.96	0.86	0.86	0.80	0.80	0.71	0.71	0.61	0.56	0.48	0.48	0.45	0.39	0.39	0.33
针长	40.5	38	35	33.5	32	30.5	29	27	25	25	22	22	29	25	22
适用范围	被褥以及帆布用品		较厚的呢料，锁眼、钉扣、装垫肩等		一般厚度毛呢类、中厚型面料的锁眼、钉扣等		一般薄料服装，薄型面料的锁眼、钉扣等		丝绸类服装面料		刺绣类服饰		薄料上刺绣或者钉珠片等装饰物		

2. 顶针

顶针也称顶针箍，如图1-1所示，是由铜、铝等不同金属制成的，不分型号。其表面分布着紧密的凹形针穴，便于辅助运针。

3. 针插

针插用布料或者呢绒制成，如图1-2所示，内部垫有扑棉或者喷胶棉，针插在上面使其便于存放，也能使针保持光滑、防止生锈，是立体裁剪、缝制工艺的必备工具。

图1-1 手针与顶针

图1-2 针插

4. 尺

尺是最常见的测量工具，尺的种类很多，有直尺、皮尺、弯尺等不同类型。直尺、弯尺用于定位和画线，确定长度，测量部件尺寸等，皮尺用于量体和检查服装的成品规格。

5. 划粉

划粉用于在面料、衣片上画线、定位。它分为水溶性、彩色、笔类和粉剂型划粉，如图1-3所示，分别适用于不同材质的面料。

6. 剪刀

服装制作中常用的剪刀有三种。裁剪面料用的剪刀（9～12号），剪线头的小纱剪，还有剪纸样所用的剪刀，如图1-4所示。

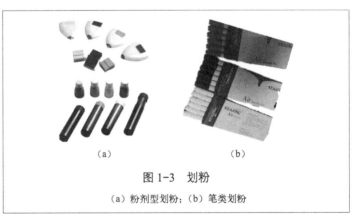

（a）　　　　　　　（b）

图1-3 划粉

（a）粉剂型划粉；（b）笔类划粉

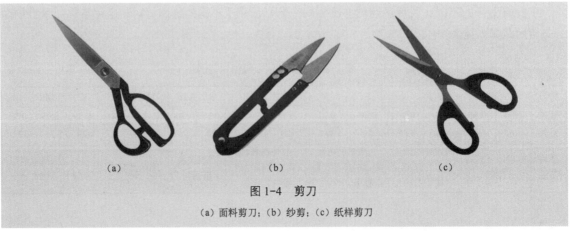

（a）　　　　　（b）　　　　　（c）

图1-4 剪刀

（a）面料剪刀；（b）纱剪；（c）纸样剪刀

7．其他工具

其他工具有用于拆线的拆刀，定位辅助使用的锥子，以及镊子、大头针等，如图1-5所示。

二、服装材料使用

服装材料是指构成服装的一切材料，分为服装面料、里料和辅料多种形式。

（一）服装面料

服装面料是用来制作服装，体现服装主体特征的材料。

1．常用服装面料类型

（1）棉型织物：以棉纱线或棉与棉型化纤混纺纱线织成的织品。其透气性好，吸湿性好，穿着舒适，是实用性强的大众化面料，如图1-6所示。棉型织物可分为纯棉制品、混纺棉制品两大类。

（2）麻型织物：由麻纤维纺织而成的纯麻织物及麻与其他纤维混纺或交织的织物。麻型织物的共同特点是质地坚硬韧、粗犷硬挺、凉爽舒适、吸湿性好，是理想的夏季服装面料，可分为纯纺和混纺两类。

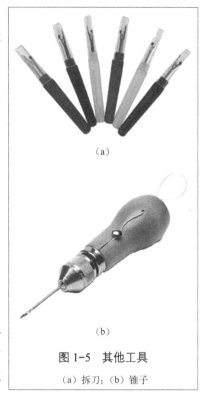

图1-5　其他工具

（a）拆刀；（b）锥子

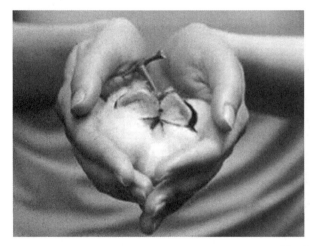

图1-6　棉型织物与服装

（3）丝型织物：纺织材料中的高档品种，主要指以桑蚕丝、柞蚕丝、人造丝、合成纤维长丝为主要原料的织品。其具有轻薄、柔软、滑爽、高雅、华丽、舒适的优点。

（4）毛型织物：以羊毛、兔毛、骆驼毛、毛型化纤为主要原料制成的织品。其原料一般以羊毛为主，是高档服装面料，具有弹性好、抗皱、挺括、耐穿耐磨、保暖性强、舒适美观、色泽纯正等优点，深受消费者的欢迎。

（5）纯化纤织物：化纤面料以其牢度大、弹性好、挺括、耐磨耐洗、易保管而受到消费者喜爱。它是由纯化学纤维纺织而成的面料，其特性由其化学纤维本身的特性来决定，可根据不同的需要，加工成一定的长度，并按不同的工艺织成仿丝、仿棉、仿麻、弹力仿毛、中长仿毛等织物。

（6）针织面料：由一根或若干根纱线连续地沿着纬向或经向弯曲成圈，并相互串套而成的，如图1-7所示。

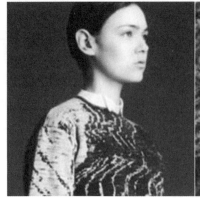

图 1-7　针织面料与服装

（7）裘皮：带有毛的皮革，一般用于冬季服装、防寒靴、鞋的鞋里或鞋口装饰等，如图 1-8 所示。

（8）皮革：各种经过鞣制加工的动物皮。鞣制的目的是防止皮变质，一些小牲畜、爬行动物、鱼类和鸟类的皮在英语里被称为"skin"，而在意大利或一些其他国家往往用"pelle"及其同义词来表示这一类的皮革。

（9）新型面料及特种面料：包括蜡染、扎染、太空棉等，如图 1-9 所示。

图 1-8　裘皮与服装

（a）

（b）

图 1-9　新型面料及特种面料

（a）太空棉夹层面料；（b）蜡染面料

2．常用服装面料的鉴别

（1）感观法。

①纯棉布：布面光泽柔和，手感柔软，弹性较差，易皱褶。用手捏紧布料后松开，可见明显折皱，且折痕不易恢复原状。从布边抽出几根经、纬纱捻开观看，纤维长短不一。

②粘棉布（包括人造棉、富纤布）：布面光泽柔和明亮，色彩鲜艳，平整光洁，手感柔软，弹性较差。用手捏紧布料后松开，可见明显折痕，且折痕不易恢复原状。

③涤棉布：光泽较纯棉布明亮，布面平整，洁净无纱头或杂质。手感滑爽、挺括，弹性比纯棉

布好，手捏紧布料后松开，折痕不明显，且易恢复原状。

④纯毛精纺呢绒：织物表面平整光洁，织纹细密清晰，光泽柔和自然，色彩纯正，手感柔软，富有弹性。用手捏紧呢面松开，折痕不明显，且能迅速恢复原状。纱支多数为双股。

⑤纯毛粗纺毛呢：呢面丰满，质地紧密厚实，表面有细密的绒毛，织纹一般不显露，手感温暖、丰满，富有弹性，纱多为粗支单纱。

⑥毛涤混纺呢绒：外观具纯毛织物风格，呢面织纹清晰，平整光滑，手感不如纯毛织物柔软，有硬挺粗糙感，弹性超过全毛和毛粘呢绒，用手捏紧呢面后松开，折痕迅速恢复原状。

⑦毛晴混纺呢绒：大多为精纺，毛感强，具毛料风格，有温暖感，弹性不如毛涤。

⑧毛锦混纺呢绒：呢面平整，毛感强，外观具蜡样光泽，手感硬挺，手捏紧呢料后松开，有明显折痕，能缓慢地恢复原状。

⑨真丝绸：绸面平整细洁，光泽柔和，色彩鲜艳纯正。手感滑爽柔软，外观轻盈飘逸。干燥情况下，手摸绸面有拉手感，撕裂时有"丝鸣声"。

⑩黏胶丝织物（人丝绸）：绸面光泽明亮但不柔和，色彩鲜艳，手感滑爽柔软，悬垂感强，但不及真丝绸轻盈飘逸，手捏绸面后松开，有折痕，且恢复较慢，撕裂时声音嘶哑。经、纬纱沾水弄湿后，极易拉断。

（2）燃烧鉴别法。常用纤维燃烧特征表见表1-2。

表1-2　常用纤维燃烧特征表

序号	织物种类	燃烧过程与状态、气味	燃烧结果
1	棉	靠近火焰，不缩不熔。接触火焰迅速燃烧，火焰橘黄色，有蓝色烟。离开火焰，继续燃烧。烧纸气味，灰烬少，呈线状	灰末细软，呈浅灰色，手触易成粉末
2	麻	靠近火焰，不缩不熔。接触火焰迅速燃烧，火焰橘黄色，有蓝色烟。离开火焰，继续燃烧。烧纸气味，灰烬少，呈线状	灰烬少，浅灰色或灰白色，手触易成粉末
3	丝	靠近火焰，卷缩不熔。接触火焰缓慢燃烧。离开火焰，自行熄灭，火焰橘黄色，并很小。燃烧时有羽毛或烧毛发的气味	燃烧后形成黑褐色小球，手触易成粉末状
4	毛	靠近火焰，卷曲不熔。接触火焰迅速燃烧，有气泡。离开火焰继续燃烧。有时自行熄灭，火焰橘黄色。有烧羽毛或烧毛发的气味，灰烬多	燃烧后形成有光泽的不定型的黑色块状物，手触易成灰末状
5	黏胶	靠近火焰迅速燃烧，橘黄色火焰，有烧纸气味	灰烬少，深灰色或浅灰色
6	涤纶	靠近火焰，先收缩后熔融。接触火焰熔融燃烧。离开火焰继续燃烧。火焰黄白色，亮，顶端有线状黑烟，有特殊芳香味	燃烧后黑褐色，呈不定型硬块或小球状，用指可压碎

3．服装面料的应用

（1）柔软型面料。柔软面料一般较为轻薄，悬垂感好，造型线条光滑，服装轮廓自然舒展。其主要包括织物结构疏散的针织面料、丝绸面料以及软薄的麻纱面料等。柔软的针织面料在服装设计中常采用直线型简练造型体现人体优美曲线；丝绸、麻纱等面料则多见于松散型和有褶裥效果的造型，表现面料线条的流动感。

（2）挺爽型面料。挺爽型面料线条清晰，有体量感，能形成丰满的服装轮廓。常见有棉布、涤棉布、灯芯绒、亚麻布和各种中厚型的毛料和化纤织物等，多用于突出服装造型精确性的设计，例如西服、套装的设计。

（3）光泽型面料。光泽型面料表面光滑并能反射出亮光，有熠熠生辉之感，常用于晚礼服或舞台表演服，产生一种华丽耀眼的强烈视觉效果，如图1-10所示。在表演性服装中造型自如，可简洁设计抑可有较为夸张的造型方式。

（4）厚重型面料。厚重型面料厚实挺括，能产生稳定的造型效果，包括各类厚型呢绒和绗缝织物。其面料具有形体扩张感，不宜过多采用褶裥和堆积，设计中以 A 形和 H 形造型最为恰当。

（5）透明型面料。透明型面料质地轻薄而通透，具有优雅而神秘的艺术效果。其包括棉、丝、化纤织物等，例如乔其纱、缎条绢、化纤的蕾丝等。为了表达面料的透明度，常用线条自然丰满、富于变化的 H 形和圆台形设计造型，如图 1-11 所示。

图 1-10　光泽型面料

图 1-11　透明型面料与服装

4.服装面料的方向性与使用

服装面料的方向也称纱向，多数的服装面料是由经纬纱交织而成的。布匹两端距离被称为幅宽，布匹的长度方向被称作经向，布幅的宽度方向被称为纬向，两者之间被称为斜向，如图 1-12 所示，45° 斜纱被称为正斜。

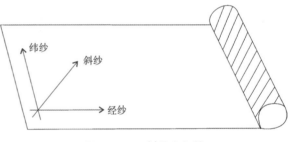

图 1-12　面料的方向性

（1）经纱特点。由于用作织物经向的纱线在织制过程中受张力较大，故结实、延直、不伸长变形，多用于服装的长度方向。缝制时材料不宜扭曲，用手两端拉直进行缉缝。

（2）纬纱特点。衣料的纬向纱线在织制过程中受张力较经纱小，故纬纱微有松动，略有伸长，适宜按人体的横平摆向，主要表现为服装的围度以及局部的宽度，也助于人体运动。缝制时材料易扭曲、不平服，不能抻拉，自然夹入压脚，用锥子送布。

（3）斜纱特点。经纬纱交点的斜向排列即形成斜纱，处于经纬纱中间交叉状态，故伸缩性较大，富有弹性，并具有良好的可塑性和变形特点。斜纱的拉伸性比较强，使用时根据造型特点适当减小或者忽略放松量。

（二）里料

里料指服装夹里，用以辅助面料的轮廓或者遮盖面料背面被衬托的部分。里料大多采用轻软、耐磨、表面光滑的织物，以减少层间的摩擦阻力，保证穿着时方便、平贴。常用的里料品种有羽纱、美丽绸、电力纺、尼丝纺、涤丝纺等。

（三）辅料

随着服装功能的细化和对服装需求的日益增长，服装辅料（包括衬料、填充料、拉链、纽扣、缝纫线、花边、商标、垫肩、包装材料等）在服装整体设计制作中越来越重要，对配套辅料的要求也越来越高。就成衣生产而言，其中最主要的是衬料、填充料和缝纫线。

（1）衬料。衬料是服装加工时衬垫在面料和里料之间的一种辅助材料，它构成服装的骨架，可使服装丰满、挺括、保型，增进服装穿着时的舒适性。常用的衬料有粘合衬、毛衬、麻衬、无纺衬等。

（2）填充料。填充料是用作增加服装厚实度的保暖材料，常用的有棉絮、羽绒、驼绒等。近年来随着纺织材料品种的扩大与发展，一些质轻、保暖的涤纶中空纤维、金属棉等也用作服装填料。

（3）缝纫线。缝纫线用于手缝工艺和机缝工艺，是指缝合纺织材料、塑料、皮革制品和缝订书刊等用的线。缝纫线因其材料的不同大体上分为天然纤维型、化纤型、混合型三种。缝纫线因其材料的不同具有其独特的性能。

① 涤棉缝纫线由 65% 涤纶短纤维和 35% 棉纤维混纺制成，线的强度高，耐磨性、耐热性好，缩水率小，柔韧性及弹性较好，可缝制各种衣物。

② 纯棉线常用来缝制纯棉服饰及其他纯棉面料。

③ 锦纶线一般用于缝制化纤面料、呢绒、羊毛衫等。

④ 维纶线主要用于缝纫各种面粉袋、布胶鞋鞋帮、帆布、锁扣眼、钉扣等。

⑤ 丝线用于缝制呢绒服装、绸缎面料。人造丝线色彩鲜艳，但强度、吸湿性差，多用于机绣。

⑥ 尼龙缝纫线强伸比大、弹性好、质地光滑，丝质光泽，耐磨性优良，多用于拷边、锁眼等。

视频：服装的面辅

知识拓展：常见服装
面料的缩水率

三、手针技法与应用

用已穿线的手针扎进衣料，拔针拉出缝纫线缝住衣料，连续运针、插针、缝线，将不同的衣物沿边缝好。在具体的手工缝制过程中，根据不同的位置和不同的要求，采用不同的工艺、不同的针法，以达到不同的质量要求和外观效果。

1. 针法的工艺

手针针法包括缝、拱、纳、缲、扳、环、钩、锁、钉、缭、拉等十几种，本书介绍应用较多的几种针法。

2. 曲型针法与应用

（1）拱针。拱针是应用较广的一种针法，针迹距离均匀，排列整齐顺直，可以做抽摺聚缩。操作时将手针自右向左连续等距离运针，缝制时可以连续缝三四针，拔出继续下一个循环，常用于抽袖包、做圆袋的袋角、做碎褶等，如图 1-13 所示。

（2）缲针。缲针又称绷缝，多用于折边与面料的结合处。一种为明缲，将相折合的边缘竖起来，然后进行缲针，特点是在面、里仅露少量线迹，里层缲起一二根丝绺，运线略松，表面没有明显针迹。另一种是暗缲。如图 1-14 所示。

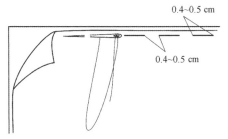

图 1-13　拱针

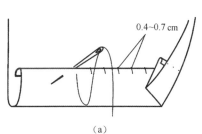

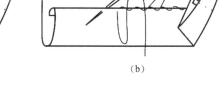

图 1-14　缲针

（a）明缲；（b）暗缲

（3）三角针。三角针也称黄瓜架，针法从左上到右下，里外交叉，针距斜横均匀，为等腰三角形，正面不露线迹，适用于袖口、底摆、西裤脚口贴边等部位，如图1-15所示。

（4）环针。环针是处理毛边的一种手缝针法，用缝线横向环绕毛边，有防止丝缕脱散的作用。其针距的大小一般由缝料边缘的脱散程度来定，要求针迹均匀，松紧适宜，如图1-16所示。

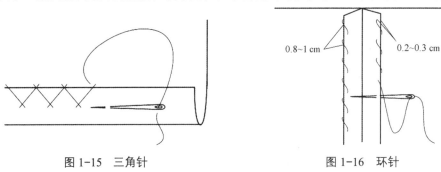

图 1-15　三角针　　　　　　　　　　　　图 1-16　环针

（5）钩针。钩针又称回针，多用于加固某些部位的缝纫牢度，分为全回针、半回针和倒回针三种，区别在于起针方向的不同，形成的线迹正面相接，有时为弯形，外观上与缝纫线迹相似，如图1-17所示。

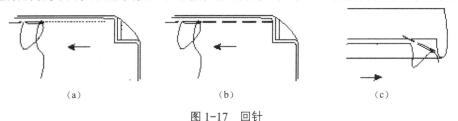

（a）　　　　　　　　　　（b）　　　　　　　　　　（c）

图 1-17　回针

（a）全回针；（b）半回针；（c）倒回针

（6）锁针。锁针多用于锁扣眼，扣眼分平头和圆头两种。现在多使用机器，但在高档成衣的西装和大衣制作中，经常出现以手工锁缝达到机器锁缝的效果，非常美观。方法是先在衣片上按纽扣直径长短略加放0.1 cm，画好位置，沿画线剪开。一般纽扣的纽洞剪成直线形，外衣类的纽洞剪成Y形。锁Y形纽洞时要用衬线，在离开口边沿0.3 cm处用衬线2根，松紧适宜，容纳后自左边尾部起用左手食指与拇指将纽洞布的上线两层捏住，由里向外锁，按照宽度由下而上、从左到右锁，锁完一周在尾部打结，然后将线头引入夹层。锁扣眼要求是针脚整齐，表面平整，不露衣片丝缕。圆头锁眼圆顺，如图1-18（a）所示，图1-18（b）所示为平头锁眼。

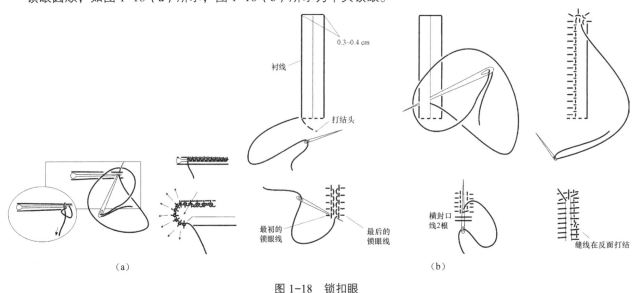

（a）　　　　　　　　　　　　　　　　　（b）

图 1-18　锁扣眼

（a）圆头锁眼；（b）平头锁眼

（7）钉纽扣。钉纽扣分实用扣和装饰扣两种。钉实用扣时缝线略松，纽脚长高于衣服止口的厚度 0.3 cm，当最后一针从纽眼孔穿出时，缝线缠绕纽脚数圈，绕紧，平整，如图 1-19 所示，然后将缝线结头引入夹层。钉装饰扣时不绕纽脚，紧贴衣服表面即可。

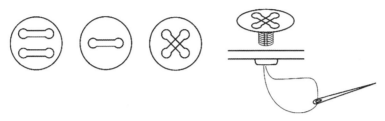

图 1-19　钉纽扣

（8）拉线襻。这是一种在衣片上以连续套小环的方式形成小襻的针法，如图 1-20 所示，线襻要根据所处单位确定所需长度，缝线选用与面料相近的三股缝线，多用于服装底摆处夹里与面料的连接。

图 1-20　拉线襻

任务二　机缝工艺

学习目标　了解缝纫工具和设备，熟悉常用缝纫设备操作规程，掌握不同缝型的操作技法，看懂服装工艺操作指示图，根据服装的款式要求选择对应的缝型。

知识要点　缝型技法与应用，缝纫工具、设备和构件种类及使用方法。

技能要点　掌握机缝不同缝型的操作要领，能按照正确的操作规范进行缝纫设备的使用，根据不同的服装款式要求选择对应的缝型。

素质要点　具有耐心细致的工作和严谨的学习态度，掌握安全操作规范，节约原材料，具有绿色低碳环保意识。

一、缝纫工具与设备

（一）缝纫工具介绍

1. 缝纫机针

（1）缝纫机针的种类。工业用缝纫机针是现代工业化生产中高速缝纫机和各种专用缝纫机、特种机所用的机针，按照形状可以分为直针、弯针两类；按用途可以分为平缝机针、绷缝机针、包缝机针、钉扣机针、绣花机针。

（2）缝纫机针的针号。缝纫机的机针根据所使用的缝纫机型号来选择机针的型号，然后根据缝料的厚薄和性质来选择适合针型机针的针号。

机针的选择对于缝制质量至关重要，一般情况下，缝制轻薄、组织较密或者层叠较薄部位时，选用号数较小的机针，缝制厚重、组织较松或者缝料层叠较厚的部位时，选用号数较大的粗针，否则容易出现跳线、断线、浮线等缝纫疵点。表 1-3 所示为机针与面料的对应关系。

表 1-3　机针与面料的对应关系

针号	针尖直径 /mm	适合面料
9，10 号	0.67 ~ 0.72	薄纱、上等细布、塔夫绸、泡泡纱、网眼织物
11，12 号	0.77 ~ 0.82	缎子、府绸、亚麻布、凹凸锦缎、锦纶布、细布
13，14 号	0.87 ~ 0.92	平纹织物、粗锻、天鹅绒、法兰绒、灯芯绒、女士呢、劳动布
16，18 号	1.02 ~ 1.07	粗呢、拉绒织物、长毛绒、防水布、涂塑布、粗帆布
19 ~ 21 号	1.17 ~ 1.32	帐篷帆布、防水布、睡袋、毛皮材料、树脂处理织物

2. 常用缝纫辅助用具

（1）定规：能稳定缝纫部件，引导操作者在既定或者调整好的位置上进行缝纫加工，既能提高缝纫速度，又能提高缝制质量，分飞机定规和磁铁定规，如图 1-21 所示。

<table>
<tr><td align="center">（a）</td><td align="center">（b）</td><td align="center">图 1-22　皱褶压脚及应用</td></tr>
</table>

图 1-21　定规
（a）飞机定规；（b）磁铁定规

（2）皱褶压脚：用于薄型布料的打褶，如荷叶边等，如图 1-22 所示。

（3）塔克压脚：一般配合双针使用，一般用于薄料的女衬衫、女裙制作，能辅助完成规律、整齐、美观的平行塔克褶，如图 1-23 所示。

（4）卷边压脚：用于缝制薄料较窄的卷边，如夏季女装及童装、丝巾类较薄织物的卷边等，如图 1-24 所示。

图 1-23　塔克压脚及应用　　　　　　　图 1-24　卷边压脚及应用

（5）锁边压脚：用来防止布料散边，用线迹包住布边的拷边线迹。使用时通过压脚上的导板引导散开的布料以保持布边平展，如图 1-25 所示。

（6）嵌绳压脚：用于夹裹绳子，一般用于细绳，粗绳一般使用拉链压脚，即单边压脚，如图 1-26 所示。

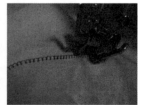

图 1-25　锁边压脚及应用　　　　　　　图 1-26　嵌绳压脚及应用

（7）1/4英寸缝份压脚：绗缝用专业压脚，可以在布料边1/4处进行直线缝制，用于专业拼布时布料拼接缝合处理，如图1-27所示。

（8）贴布绣压脚：属于树脂压脚，由于对面料的压力较小，表面与面料的摩擦力较小，不易打滑，因此多用于缝制轻薄光滑的面料，如皮革、人造革、涂层面料、轻薄光滑面料。它可以减小布料通过时的阻力，同时便于查看下面的线迹，如图1-28所示。

图1-27　1/4英寸缝份压脚及应用　　　　　图1-28　贴布绣压脚及应用

（9）隐形拉链压脚：利用压脚将拉链齿装入引导槽，使缝纫线紧贴拉链缝制，保证缝纫质量，如图1-29所示。

（10）暗缝压脚：也叫盲缝压脚，主要用于裤脚、裙摆、窗帘边等暗卷边的缝制。在常规的暗缝线迹的情况下，多用于不容易变形的面料；在有弹性的暗缝线迹的情况下，多用于柔软的伸缩性面料，如图1-30所示。

图1-29　隐形拉链压脚及应用　　　　　图1-30　暗缝压脚及应用

（二）缝纫设备

1．通用平缝机

（1）平缝机：又称平车，单针平车主要用于一般的平缝工序和部件缝纫，如缝制领子、口袋、袖子等；双针平车可以同时缝出两道平行线迹，多用于缝制牛仔服、运动服、衬衫等。图1-31所示为单针平车及缝纫区，图1-32所示为双针平车及缝纫区。

 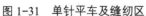 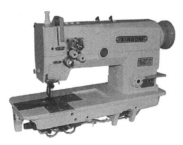 

图1-31　单针平车及缝纫区　　　　　图1-32　双针平车及缝纫区

（2）计算机平缝机：除具有正常的缝纫功能外，计算机平缝机还具有自动倒针、切线、自动松抬压脚和多种保护功能，生产效率同比提高 30% 以上。

（3）包缝机：又称锁边机或者拷边机，用于缝料的包边、切边和缝合，防止衣片的边缘纱线脱散，常用的有单针三线包缝机、双针四线包缝机、双针五线包缝机。一般三线包缝机适合普通锁边，四线包缝机适合有弹性针织布料，五线包缝机适用于没有弹性的梭织布料，比如牛仔、衬衫、西服等，如图 1-33 所示。

（4）链缝机：用于形成链式线迹的缝纫机，线迹弹性良好，多用于针织服装、牛仔服、运动服和衬衫等服装的缝制，以及缝纫较长距离的服装部位，如图 1-34 所示。

（5）绷缝机：形成的绷缝线迹覆盖性强，拉伸强度和弹性较好，主要用于针织服装衣片的合缝、滚领、滚边、折边和装饰边绷缝，如图 1-35 所示。

图 1-33 五线包缝机及应用　　　　　图 1-34 链缝机　　　图 1-35 绷缝机

2．专用缝纫机

（1）锁眼机：防止扣眼孔周边纱线脱散并形成一定外观形状的缝纫机，平头锁眼机缝出的扣眼孔形状两端都是平头式，多用于平头纽扣的衬衫、中薄料服装的锁眼；圆头锁眼机缝出的扣眼孔形状一端为圆头式，多用于正装以及面料较厚的外衣、大衣等的锁眼等。图 1-36 所示分别为平头和圆头锁眼机。

（a）

（b）

图 1-36 锁眼机及应用

（a）平头锁眼机及应用；（b）圆头锁眼机及应用

（2）钉扣机：用于缝钉各类服装纽扣的专用缝纫设备，缝钉两眼、四眼纽扣以及带柄扣、掀扣，以及纽扣的缠绕加固等，如图1-37所示。

图 1-37　高速电子单线环缝钉扣机及应用

（3）套结机：用于服装中或者缝制品中某些特殊部位的缝合或加固部位的设备，如袋口的两端，裤带袢、扣眼的尾部等受力部位，有的花样套结还有一定的装饰作用，如图1-38所示。

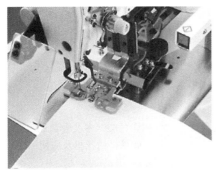 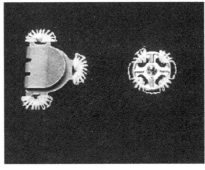

图 1-38　高速电子花样套结机及应用

（4）缲边机：也称暗缝机，用于上衣、裙子、时装裤底摆等处的缲边设备，缲边机上的弯针工作时从面料的同一面横向穿入、穿出，在服装的正面基本不露针迹，如图1-39所示。

 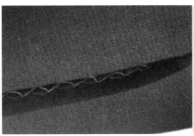

图 1-39　缲边机及应用

（5）上袖机：利用上下差动送布，保证装袖位置的准确性，提高生产效率，如图1-40所示。

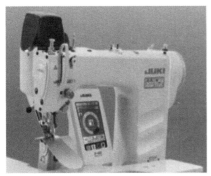 

图 1-40　上袖机及应用

3．特种缝纫机

（1）曲折缝机：又称人字车，是通过针杆与送布机构的配合，在缝料上形成各种曲折形线迹的机种。图 1-41 所示为曲折缝机与月牙形线迹。

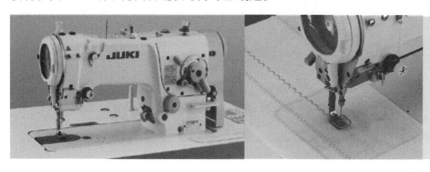

图 1-41　曲折缝机与月牙形线迹

（2）计算机绣花机：利用计算机程序设计，完成衣片和成衣平面绣花功能的服装设备，可完成镂空、堆积收拢等不同类型的绣花加工，各种花色图案广泛用于女装、衬衣、装饰品、童装等产品上。其分为单头绣花机、多头绣花机等，如图 1-42 所示。

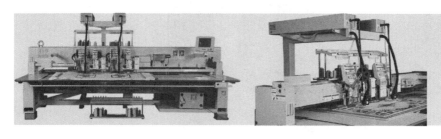

图 1-42　多头全自动计算机绣花机及应用

（3）开袋机：在衣片上自动完成开袋过程的上嵌线、开袋口、绱袋盖等工序的缝制设备，多用于斜开袋、平开袋等单嵌线、双嵌线的缝制，如图 1-43 所示。

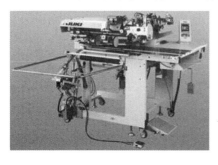

图 1-43　开袋机及应用

（三）缝纫设备的使用

1．平缝机的使用方法

（1）安装机针：先转动机轮使针杆升到最高位置，然后用螺钉旋具旋松装针螺钉，将长容线槽朝向左面，把针柄插入针杆下部的装针孔内，使机针顶到头，再拧紧装针螺钉。

（2）绕底线：在绕线器上绕底线，把梭芯插在绕线器轴上，把线团上来的线先穿入过线架的线孔，再套入夹线板，然后把线头在梭芯上顺时针绕几圈，把满线跳板向下按，绕线轮即压向传动皮带，开始绕线。梭芯绕满线后自动跳开而停止绕线。梭芯线不能过满，否则容易散落。

（3）穿面线：将面线穿入顶部过线杆的线孔，套入过线簧，再从过线板上孔引进，再经下孔穿出，向下套入夹线器，钩入挑线簧，绕过缓线调节钩，向上钩进右线钩，穿过挑线杆的线孔，向下钩进左线钩，进入过线孔、针杆过线孔，最后将缝线从左向右穿过机针的针孔，并引出 10 cm 左右的线备用。

（4）装梭壳：底线绕完后，将梭芯装入梭芯套，装入时应拉出线头用手捏住，并注意梭芯的方向，将梭芯套入梭芯套，把梭芯扣严实，转动梭芯套，将线头嵌入梭芯套的缺口，滑过梭芯套底，从梭芯套叉口处拉出，留出 10 cm 左右的线。

（5）穿底线：将梭壳装入梭床，转动上轮，使针杆升到最高位，拔起梭芯套上的梭门盖，向外拉出，取出梭芯套后，即可将梭芯从梭芯套中倒出。梭芯线应排列整齐而紧密，如松浮不紧，可加大夹线板压力；如排列不齐，则移动过线架调整。梭芯装完后，将针杆向下运动，引出底线 10 cm，最后将底面线头一起放在压脚后方。

（6）调节针距：先把倒送扳手压下，再旋动旋钮。向顺时针方向旋动，针距变密，就在缝薄料的位置上，调节完后放开倒送扳手。向逆时针方向旋动旋钮，针距变松，就到缝厚料的位置。通常软、薄缝料线迹为每 2 cm 12 ~ 16 针，而厚缝料为每 2 cm 8 ~ 10 针。

（7）调节缝线松紧：从梭床中取出梭芯套，用螺钉旋具旋动梭芯套外的梭皮螺钉，将梭皮螺钉向逆时针方向旋动，压力减小，底线就松。向顺时针方向旋动，压力加大，底线就紧；调完底线松紧后，可以调节面线。

（8）调节压脚和送布牙：压脚和送布牙的高度应根据不同缝料来设置。压脚压力的大小是通过压杆顶上的螺栓压住弹簧的松紧来调节的。用手旋松压杆顶部的固定螺钉。逆时针旋动减小压力，用来缝制薄面料。顺时针旋动加大压力，用来缝制厚面料，调整完后旋紧固定螺钉。

2．包缝机的使用方法

（1）机针的选择：包缝机需要使用直针和弯针两种机针，直针又分为连线机针和包边机针，连线机针与包边机针的差别在于针柄的长度，前者的针柄比后者短。弯针则分上弯针、下弯针和连线钩针。在包缝机中，根据机器的结构不同，所用的弯针一般都是专用的，而各种包缝机的直针是相同的。

（2）机针的安装：转动包缝机主动轮，使针杆升到最高位置。按下压脚扳手，同时使压脚随压脚臂向左移动，使其离开工作位置。松开螺钉，将机针插入插针杆，机针的缺口部向后，针必须垂直，不能倾斜。拧紧螺钉，压下压脚扳手，同时使压脚随压脚臂向右移动，放在压脚扳手下，然后放下压脚扳手，使压脚处在标准工作位置并具有一定的压力。

（3）穿线：包缝机穿线前首先要打开前罩壳及缝台。打开前罩壳的方法是推动前罩壳上的扳手，将前罩壳移到最右侧，然后将罩壳板打开；打开缝台时，先按下缝台定位弹簧，然后将缝台做顺时针方向转动，缝台即打开。

包缝机有三线、四线、五线等不同的机种，分别形成不同的包缝线迹。缝线在线迹中的位置与包缝机的穿线位置具有一一对应关系。与平缝机相比，包缝机的穿线比较复杂，一般在机器的前罩壳内附有穿线图，在穿线时可以打开前罩壳，即可见到穿线图，然后按照图示的方法穿线。

包缝机穿线一直是实践教学的难点，以下为四线包缝机和五线包缝机底线穿线方法，如图 1-44 所示。

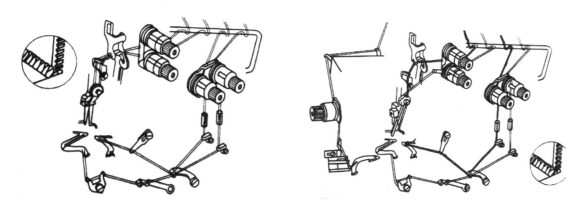

图 1-44　四线包缝机和五线包缝机底线穿线方法

二、常用的缝型技法与应用

（一）名词介绍

针迹：缝针穿刺缝料形成的针眼。

线迹：相邻针迹之间的连接构成线迹。

针迹密度：单位长度内缝迹的线迹数，通常是 2 cm 内线迹的个数。

缝型：一定数量的缝料和线迹在缝制过程中的配置状态，缝型的结构状态对于缝制品的外观品质和强度具有重要的意义。

（二）机缝缝型基础工艺（简称机缝工艺）

机缝工艺是在缝制工程中采用缝纫机械进行缝制加工的工艺。其具有高质高效、缝型美观的特点，符合现代化服装生产需要。缝型是服装工艺的基础，对于服装专业的学习尤为重要。服装的工艺单、作业指示书、跟单技术文件的很多内容都涉及缝型方面知识。学习中不但要了解缝型的方法、应用，还需要具备分解、能按照实物进行操作和表达的能力。在实际操作中，主要注意衣片之间的配置形式和缝份的大小，保证外观缝口平服，线迹均匀顺直等，缝份的宽度根据实际情况确定。

1．平缝

平缝是机缝工艺中最常用的一种缝型，又称勾缝、合缝，将两层缝料的有限布边正面相对，沿边对齐按缝份缉缝。由于上层衣片为间接推送，受压脚阻力作用使送布较慢，下层衣片由送布牙直接推送而送布较快，这样操作中易产生上松（长）下紧（短）的现象。为保持上、下层缝合平齐，缝合时，可稍推上层，略拉下层。平缝中一种是衣片的边缘先锁边，缝份后将缝份劈份烫平；另一种是先合缝，再将缝份扣烫坐倒。如图 1-45 所示。

图 1-45　平缝及其应用

2．翻压缝

在平缝基础上，扣倒烫平后，在衣片的正面压缉一道明线，宽度一般为 0.1 ～ 0.8 cm。翻压缝结构简单，线迹平服结实，常用于服装中缉明线的部位，如图 1-46 所示。

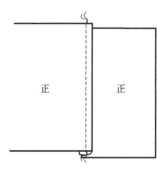

图 1-46　翻压缝及其应用

3．搭缝

搭缝又叫平叠缝，是将两块布料的缝份互相搭合，并在居中缉缝一道线，如图 1-47 所示。要求线迹平直，上下层布片搭合处不皱缩，搭合缝份宽窄适当，不能过多或过少，也不能一边多一边少。搭缝多用于衬布、衬料、胆料的拼接，有平服、减少拼接厚度的作用。

4．扣压缝

扣压缝也叫压缉缝，将两层缝料正面向上各处一边，一层缝料的缝份扣烫后与另一缝料的缝份叠对平齐，再在正面缉压一道明线，如图 1-48 所示，操作时要求针迹整齐，止口均匀，平行美观，位置准确，裁片折边平服，无毛边，多用于贴袋、袋盖和过肩等处。

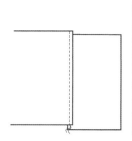

图 1-47　搭缝及其应用

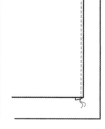

图 1-48　扣压缝及其应用

5．分压缝

分压缝也叫劈压缝，是在平缝的基础上先将两边的缝份分开烫平，然后在上层缝份上缉缝明线的缝型，如图 1-49 所示。其特点是牢固平整，主要用于各类裤装的后裆缝、内袖缝等需要加固的部位。

6．来去缝

来去缝也称反正缝或筒子缝。将两层缝料先反面相对，按 0.5 cm 的缝份先缉缝一道，然后折转翻至正面相对，再按 0.7 cm 的线迹缉缝第二道，保证缝份被包净而不外露，如图 1-50 所示。这种缝型适用于质地较薄的服装，如真丝衬衫和连衣裙等，以及童装的摆缝、肩缝等处的缝合。

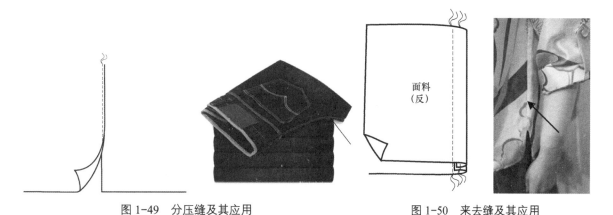

面料
（反）

图 1-49　分压缝及其应用　　　　　　　　图 1-50　来去缝及其应用

7．滚包缝

滚包缝是两层缝料正面或者反面相对，使下层缝份比上层多出一定的量，下层缝份包住上层缝份，连续包折两次后，沿缝份边沿缉缝一道线将缝份固定的机缝工艺。二道线滚包缝，常用于薄料服装、女装中公主线的缝制；服装边缘部位的滚边大多属于一道线滚包缝，如旗袍等，如图 1-51 所示。

8．内包缝

内包缝是将两层缝料的布边正面相对，下层比上层多出一定的量，包住上层缝份并缉线，翻出正面后再缉缝明线的机缝工艺。缝份的宽窄以正面的明线宽度来定，一般是 0.4 ~ 1.2 cm，如图 1-52 所示。内包缝的特点是美观牢固，正面一道明线，反面两道明线，多用于上装中肩缝、侧缝和袖缝等。

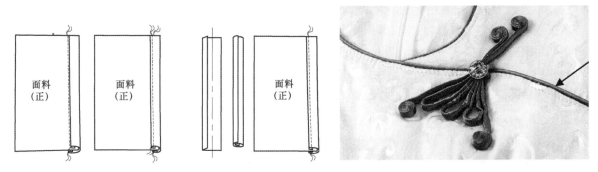

图 1-51 滚包缝及其应用

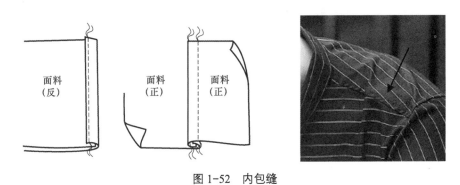

图 1-52 内包缝

9. 外包缝

外包缝与内包缝的区别在于将两层缝料的反面相对，下层比上层多出一定的量，包住上层缝份并缉线，翻出正面后再缉缝一道明线，缝份的宽窄以正面的两条明线宽度来定，多为 0.5 ~ 0.7 cm，如图 1-53 所示。外包缝的特点是缝型牢固，正面两道明线，装饰效果突出，多用于牛仔裤、夹克衫等。

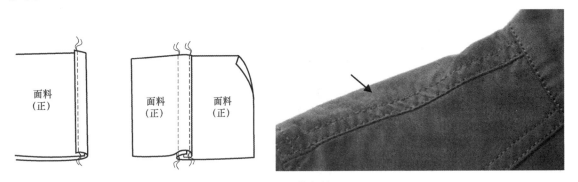

图 1-53 外包缝

10. 单折边缝

将缝料的有限布边锁边后按缝份折向反面，用明线或者暗线缝制就形成单折边缝，如图 1-54 所示。单折边缝主要用于各类服装的下摆、领口、袖口等。

11. 骑缝

骑缝也称咬缝、闷缝，是一种经过二次缉缝，将两层布料的毛边包转在内的制作方法。如图 1-55 所示，第一次缝合时，是将衣片的正面和反面相对叠合缉第一道线，缝份一般预留 0.7 cm 左右，然后将下层布片翻转向上，布边向内折转 0.7 cm，盖在第一道缝线线迹上，并超出约 0.1 cm，接着在翻转的折边上压缉第二道缝线，止口约 0.1 cm。骑缝多用于制作衣领、绱裤腰、绱裙腰、绱袖克夫等。

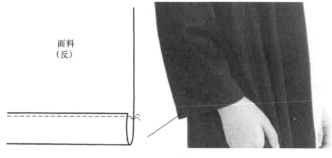

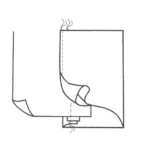

图 1-54　单折边缝及其应用　　　　　　　图 1-55　骑缝及其应用

12．灌缝

灌缝又称漏落缝，是一种将线迹藏在折边或分缝槽内的方法。先将暗缝进行拼接缝合，然后在衣片正面衣缝边缘缉线或将正面的缉线线迹暗藏在缝线分开的凹槽之内，如图 1-56 所示。灌缝多用于裤、裙腰头及里襟等。

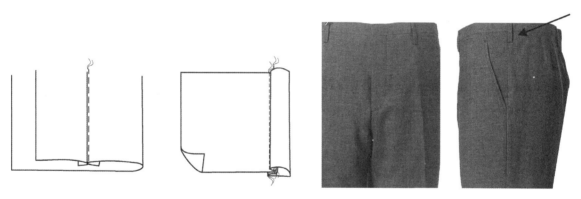

图 1-56　灌缝及其应用

13．卷边缝

将缝料的布边按一定的缝头扣折两次，用一道或者一道以上的明线或暗线将其固定形成卷边缝，如图 1-57 所示。卷边缝多用于各类无夹里服装、裙子、休闲裤的底摆固定。

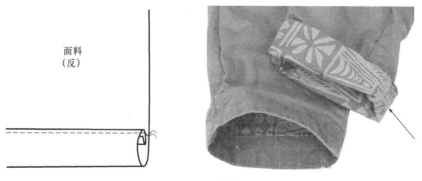

图 1-57　卷边缝及应用

任务三　熨烫工艺

学习目标　了解熨烫工具和设备，掌握熨烫原理，熟悉熨烫的技法以及不同的工艺流程。

知识要点　熨烫工具，分类与条件，不同熨烫手法的作用，熨烫的技法和工艺流程。

技能要点　掌握不同服装品种的熨烫方法和技巧。

素质要点　具有一丝不苟、严谨踏实的工作作风，尽职尽责、耐心细致的工作态度，不断追求、勇于创新的工作意识，对产品精雕细琢、精益求精的职业精神；掌握安全操作规范。

　　熨烫是单独运用或者组合运用温度、湿度、压力三个因素来改变织物的密度、形状、式样和结构的工艺过程，也是对服装材料（织物）进行消皱、塑性和定型的过程。熨烫工艺是服装生产加工中的重要工序之一。经过熨烫的服装外观显得平服、挺括，富有立体感。

一、熨烫的分类与条件

（一）熨烫的分类

1．按加工方式分

（1）熨制：利用加热器在服装面料的表面上移动并施加一定压力的熨烫方法，如熨斗熨烫。

（2）压制：将面料夹在两热表面之间并加压的熨烫方式，如各种专用烫衣机熨烫。

（3）蒸制：用蒸汽喷吹织物表面或者穿过衣片的形式，如人形喷吹熨烫机熨烫。

2．按加工顺序分

（1）生产前熨烫：在裁剪前对服装的面料和里料利用一定的温度和湿度进行热烫预处理，使面料和里料获得一定的热缩定型并去掉褶皱，保证裁剪衣片的质量。

（2）粘合熨烫：很多服装在制作中需要在一些关键部分加固一层或者几层衬料，以增加服装的造型性。衬料利用热熔粘合原理，通过压烫将粘合衬附着在服装上成为一体。在现代化工业生产中，一般采用大型粘合机来完成。在小批量生产作业中，通常使用熨斗和部分夹烫机械来完成。

（3）中间熨烫：在缝制生产中，穿插在各缝制工序之间的熨烫作业，如分缝、扣烫、成褶、固衬、定型等，被称为小烫。中间熨烫作用很大，不但可以确保下道工序的顺利进行，提高缝制质量，还可以节约时间，利用"推""归""拔"等熨烫手法，对衣片进行热塑定型，保证服装的成衣效果。

（4）成品熨烫：被称为整烫或者大烫，对缝制完成后的服装做最后的定型和保型处理，同时进行成品检验和整理。

3．按设备和工具分

（1）手工熨烫：以电熨斗为主要工具，是服装缝制工艺的基本环节，使用便捷、灵活多变、效果稳定，适合小批量生产、单件制作、特殊体型和高级定制。

（2）机械熨烫：利用机械设备提供熨烫必需的温度、湿度、压力、冷却方式及按照人体各部位形态制作的烫模来完成服装定型的全过程。特点是高效迅速、效果持久稳定。

　　在服装教学中，常用的是手工熨烫。

（二）熨烫的条件

1．温度

一般来说，随着温度的增高，织物越容易变形，但是不同的织物各自的性能不同，能承受温度的能力也不同。当超过极限温度时，衣料会被烫坏，但是温度不够又达不到定型的目的。

2. 湿度

水蒸气能加速织物的传热能力，使纤维膨胀、伸展，有利于织物的热变形，但不是所有织物都适用于湿导热，如黏胶纤维织物。

3. 压力

压力是产生织物弹性变形和塑性变形的首要外力条件。压力的大小应该由衣料的性质、成衣的结构和不同的制作工艺决定，压力太小难以达到塑性效果，压力太大有时易产生极光。

4. 时间

熨烫过程中时间也是个很重要的参数，因为在织物中热的传导及织物的变形需要在一定时间内完成。

5. 冷却方式

冷却的目的是使织物降温，使熨烫获得的定型效果得以固定。一般冷却的方式有自然冷却、风干冷却和抽湿冷却等，抽湿冷却的效果比较好。表1-4所示为常用服装面料与蒸汽压力、温度间的关系。

表1-4 常用服装面料与蒸汽压力、温度间的关系

蒸汽压力 /kPa (kgf · cm⁻²)	蒸汽温度 /℃	适用品种
245（2.5）	120	化纤面料
294（3）	128	混纺面料
392（4）	149.6	薄型毛织物
491（5）	160.5	中厚及厚型毛织物

二、手工熨烫

（一）熨烫工具

1. 电熨斗

电熨斗是熨烫的主要工具，常用的为蒸汽电熨斗和调温电熨斗，功率大小的选择取决于熨烫衣片的厚薄程度。电熨斗的使用要严格遵循操作指示，按照不同的织物进行温度选择，使用后切断电源，放在熨斗架上，以免烫坏织物或者工作台板，甚至引发安全事故。

2. 铁凳

铁凳主要用于熨烫袖窿、肩缝、裤子后裆缝等，以达到熨烫部位时能熨烫自如。

3. 烫布

烫布也叫水布，一般采用去浆后的棉布。其规格按照不同的部位灵活选用。熨烫时覆盖在衣料上，避免烫脏面料和减少极光。

4. 烫馒头

烫馒头用于熨烫臀部、胸部等丰满的部位，或者袖子、裤腿等较为狭窄的部位，使熨烫更易于操作且有立体效果，如图1-58所示。

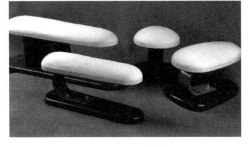

图1-58 烫馒头

（二）熨烫技法训练

熨烫工艺根据面料的质地、衣片的部位以及步骤的款式、造型、结构和产品档次的不同选择运

用不同技法。熨烫时一只手拿熨斗，用熨斗尖和底面熨烫衣片，另一只手进行辅助工作。熨烫的技法有平烫、归烫、拔烫、推烫、扣烫、分烫、压烫七种基本技法。

1. 平烫

平烫是最基本的熨烫技法，是用熨斗在铺平的衣料、衣片上进行水平熨烫。在平烫的过程中，应当按轻抬—平压—放下的熨烫手法进行，以防面料变形或者产生褶皱。

2. 归烫

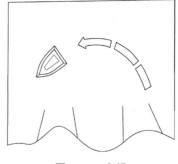

归烫也称归拢，一般是从里面做弧形运动，将预定部位聚拢归缩，逐步向外缩烫至外侧，压实定型，使衣片外侧因纱线排列的密度增加而缩短，从而形成外凹内凸的对比和弧面变形。归烫就是把直线或者外弧衣片边线烫成内弧线，如男西服后肩线、背部、大袖后袖缝等，如图1-59所示。

图1-59 归烫

3. 拔烫

拔烫也称拔开，是将预定的部位伸烫拔开。由内侧边做弧形熨烫，由内向外依次推进，拔量渐减，压实定型，使衣片外侧因纱线排列的密度减小而增长，相应的表面向中间凹变。拔烫是把内弧衣片边线烫成直线或外弧线，如男西服前肩线、腰部、小袖后袖缝等，如图1-60所示。

4. 推烫

推烫是推移变位的技法，是配合归拔工艺的过渡性技法。如归缩袖窿外边时，应当逐渐向胸点推移，拔伸侧缝、侧腰也需要同时向背腰推进等。推烫是归、拔的辅助动作。

5. 扣烫

扣烫分扣倒或者扣折，扣倒是将衣片按工艺要求一边折倒，然后扣压定型。扣折是把衣片按工艺要求扣折压烫并定型。扣烫的用法非常广泛，如扣烫底摆、袖口和裤脚口等，如图1-61所示。

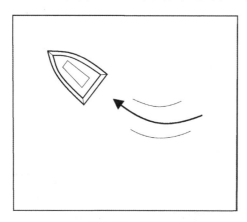

图1-60 拔烫

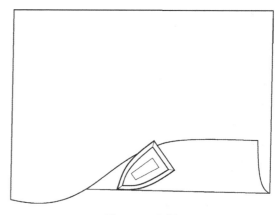

图1-61 扣烫

6. 分烫

分烫用于服装部件制作中的分缝，分烫时一手劈缝，一手用熨斗前尖对准缝中心，边劈缝边分烫压实定型，如图1-62所示。

7. 压烫

压烫是加力压实的技法，用于较厚的毛呢类服装，特别是层数较多的各边角部位，更需用熨斗压实、压薄。在压烫、平烫起绒织物时，要把织物的正面放在同种起绒面料的垫布上，从反面熨烫，如图1-63所示。

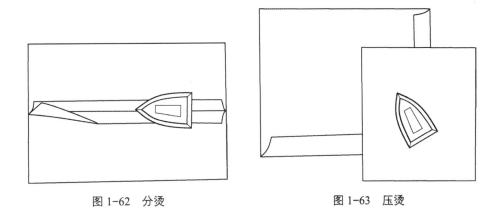

图 1-62　分烫　　　　　　　　　　　　　图 1-63　压烫

三、机械熨烫

（一）熨烫设备简介

机械熨烫设备是指工业生产中用于大件或者整件衣物整烫定型的专用设备。蒸汽熨烫机能稳定地喷出高温高压蒸汽，对衣物给湿加热，将高温蒸汽均匀渗透到衣物的内部，使服装面料纤维变形可塑，再利用压模压住衣物，使其被热压定型。蒸汽熨烫设备省时省工，高效彻底，常用于大件熨烫和整烫。

在实际生产应用中，为满足各种服装面料、款式、风格的服装的熨烫要求，各种熨烫机应运而生。熨烫机按照熨烫对象可以分为西服熨烫系列机、针织物熨烫机等；按照在制作流程中的应用可以分为中间熨烫机、成品熨烫机、人形熨烫机、真空抽湿蒸汽烫台；按照操作方式可以分为手动熨烫机、半自动熨烫机和全自动熨烫机，以下为几种常用的熨烫机。

（1）中间熨烫机：主要用于成衣加工中间过程中的小部件熨烫和半成品熨烫，如熨烫省缝、贴边和领子等。

（2）成品熨烫机：是缝制结束后对成衣进行熨烫的设备，如熨烫衣领、衣袖、衣身等部位，在熨烫生产线中与真空泵、锅炉、空压机等配套使用。

（3）人形熨烫机：熨烫时将衣服套在人形烫模上使服装展开，高温蒸汽从衣服内向外喷发，使服装熨烫定型。人形熨烫机多用于羊毛衫、兔毛衫等长纤维服装的熨烫，由于衣服的表面不受压，表面的绒毛不会倒伏，服装平整，绒毛立体感强。

（4）真空抽湿蒸汽烫台：带有真空抽湿装置并带有各种形状的模头，配有蒸汽电熨斗对面料进行熨烫的工作台。其效率高，应用范围广，适用于半成品熨烫、成品熨烫以及小批量、多品种的生产。

（二）熨烫工艺流程

不同的服装品种，其生产工艺和熨烫工艺各不相同。以下为常见的服装熨烫工艺流程。

1. 男西裤

（1）中间熨烫：拔裆→烫后袋→烫门襟→烫侧袋→分后裆缝→分下裆缝→烫侧缝。

（2）成品熨烫：烫裤腰→烫裤片→烫裤口。

2. 男西服

（1）中间熨烫：敷衬→归拔背缝、侧缝、肩缝→分肩缝→分背缝→分侧缝→分止口→烫挂面→烫袋盖→烫大袋→分肩缝→分袖缝→归拔领子。

（2）成品熨烫：烫大袖→烫小袖→烫双肩→烫前身→烫侧缝→烫后背→烫驳头→烫领子→烫领头→烫袖窿→烫袖山。

知识拓展：服装质量
检验标准知识

视频：了解服装工艺
基本技法

视频：了解服装行业的
先进技术和设备

任务四　基础部件工艺

学习目标　了解部件加工的顺序和流程，熟悉各步骤的制作方法，裁配合适的缝片，看懂服装工艺操作指示图，根据服装的款式进行工艺制作，明确工艺质量要求。

知识要点　制作流程与部件裁配的方法。

技能要点　根据服装要求裁配缝片并进行部件制作。

素质要点　工作中严格遵守实训纪律、安全操作规范，自觉遵守职业道德和职业规范，树立健康向上的人生观和价值观。

在进行服装制作前，先进行基础部件的缝制训练，训练机器的使用、熟练度，提高学习者的工艺制作水平。本书涉及的部件制作，在不同的模块均有描述，表1-5所示为基础部件制作工艺对应模块表。

表1-5　基础部件制作工艺对应模块表

序号	内容模块	重点项目名称	数字化资源
1	第二模块	裙开衩、西服裙拉链、隐形拉链	微课：服装的面辅料； 视频：裙开衩、西服裙拉链、隐形拉链等
2	第三模块	门里襟制作、斜插袋、侧缝袋、单牙袋、双牙袋、弧形挖袋、贴袋制作、盖贴袋制作	视频：门里襟制作、侧缝袋、单牙袋、双牙袋、弧形挖袋制作
3	第四模块	衬衫胸袋、袖开衩制作、过肩工艺、衬衫领、克夫制作	视频：衬衫胸袋、衬衫袖制作
4	第五模块	手巾袋制作、里袋制作、西服领制作、袖开衩制作、背开衩制作	视频：手巾袋制作、西服领制作
5	第六模块	暗门襟制作、斜插袋制作、翻领制作、里袋制作、腰带制作	视频：斜插袋制作

思考与训练

1. 为什么在现代服装生产中需要加强手缝工艺？

2. 手缝工艺的针法一般适用于哪些范围？

3. 在 40 cm×40 cm 的缝料内练习拱针、缲针、环针、纳针、三角针，每一行针迹为 7 针 /（2 cm）。

4. 制作扣眼。扣眼直径 2.3 cm，手工圆头锁眼 5 个。

5. 服装熨烫工艺有哪些作用？说明服装熨烫的分类。

6. 包缝机的使用训练，要求控制好速度。

7. 平缝机的踏机训练，在 40 cm×40 cm 缝料上进行打褶训练。

8. 多认知服装专业设备，了解各类设备的应用。

9. 说出几种主要织物的熨烫温度。

10. 掌握各类缝型的图示表示方法。

11. 熟悉各类专业压脚，掌握使用方法。

12. 平缝机穿线、绕底线训练，要求顺序正确，在规定时间内完成。

13. 包缝机穿线训练，要求底线、上线顺序位置正确无误。

14. 手工熨烫有哪几种？分别用于服装的哪些部位？

15. 平缝机的踏机训练，在缝料练习 1 cm、0.5 cm、0.1 cm 宽的线迹，起止处打倒回针。

16. 说出缝型的分类，其各自具有什么特点。

17. 分别练习各类缝型，并指出各自不同的适用范围。

18. 进行手工熨烫中推、归、拔的技法训练。

在线检测

视频：我国成衣工业的发展

拓展应用

✂ 项目二
裙装工艺设计与制作

　　裙装的造型丰富多彩、种类各式各样，按其合体程度可分为窄身裙、A 形裙、大斜裙、波浪裙等；按分割线形态可分为育克裙、节裙、褶裙等；按其腰部形态可分为装腰型、连腰型、高腰型、低腰型等；还有许多做出立体造型的花式裙，如鱼尾裙、灯笼裙、拖尾裙等。如果裙装与上装结合成为连衣裙，则可以有更加丰富的结构变化。

　　窄身裙是裙装中最基本的款式，它裁剪合体，腰、臀部符合人体形状，是最贴合人体的款式。其他裙型都是在此基础上，进行各种结构变化而得到的。

任务一　裙装基础知识

视频：服装基础知识

学习目标　了解裙装常用面料、不同类型的加放量。

知识要点　面料选择和加放量确定。

技能要点　裙装不同类型和加放量的确定。

素质要点　具有良好的审美意识、正确的艺术观和价值观，树立热爱行业、积极进取的职业精神。

一、裙装的面料选择

　　裙装面料的可选择性非常广泛，可以根据裙子的品种、季节和功能性进行选用。

　　（1）西装裙、直筒裙等窄身裙款式雅致端庄，裙料要身骨挺括，富有弹性，各色薄型毛料、涤毛混纺料、中长花呢、纯涤纶花呢、灯芯绒、劳动布、针织面料等均可选择。

　　（2）喇叭裙、斜裙款式自然活泼，裙料适宜悬垂性能较好，选用化纤织物中的薄型面料、毛织物中的薄型或松结构呢料均可。

　　（3）节裙裙身上下分几节，节间可有嵌线、花边，这种款式灵动华丽，面料可以选用丝绒、乔其立绒、烂花乔其绒、各式花布、丝绸等。

（4）近年较流行的百褶裙等款式轻盈挺直，选择轻薄、平挺的裙料较适合，一般涤棉细布、涤棉麻纱、针织涤纶面料等可以采用。

（5）连衣裙有广泛的适应性，对服装衣料的要求并不十分严格，选用色布、花布、涤棉布、府绸、卡其、欧根纱、蕾丝，以及各种化纤、丝绸、毛料、针织布等均可。

二、裙装不同类型的加放量

在穿用过程中，服装要满足人体穿着舒适、运动、审美的需求，因此在进行服装结构设计和制作服装时，相对于人体的围度、宽度等数据，就要给予一定的放松量，简称松量，也称加放量。

由于加放量的不同，服装与人体间的空隙量也有不同。加入适当的加放量，可以得到穿着舒适、满足活动需要的服装；通过调整加放量的大小，来改变服装各个部位与人体间的空隙量，使外部的轮廓发生变化，进而得到理想的空间关系和造型形式，同时达到改善体型的目的；还可以加以填充料等，进行夸张造型，更好地为服装设计服务。

裙子的规格设计即在量体尺寸上适当地加放松量，得到制作成品的尺寸数据（表2-1）。

表 2-1　裙装常用品类加放量参考表　　　　　　　　　　单位：cm

类型 ＼ 部位	腰围	臀围	下摆
紧身型	0 ~ 2	2 ~ 4	满足穿着者行走的运动机能，并根据裙子的造型确定
合体型	0 ~ 2	6 ~ 10	
宽松型	0 ~ 3	> 10	

任务二　西服裙制作工艺

学习目标　了解裙装用料计算、裁剪方面的知识，能分析裙装的加工顺序，掌握裙装制作相关环节，掌握熨烫、质检方面的相关知识。掌握西服裙制版、制作知识和相关技能（规格设计、制图、放缝份、排料、制作）。

知识要点　规格设计、制版、裙装用料计算与排料，工艺流程设计方法，制作相关要求，质量标准。

技能要点　收省，装后衩，装拉链，装腰，制作工艺中每一程序的技巧。

素质要点　工作中严谨、细致，提倡并践行勤俭节约、绿色环保等意识。

一、西服裙纸样设计与裁剪

（一）款式说明

窄身裙最具代表性的款式就是西服裙。本款西服裙臀围加放量为4 cm，属于紧身型。装腰头，前腰收两个省，后腰收两个省，后中缝上端开门处装拉链，后中缝下部开衩，做工考究的西服裙装有夹里。款式如图2-1所示。

（二）西服裙的规格设计与样板制作

（1）西服裙结构工艺选用号型：165/68A。

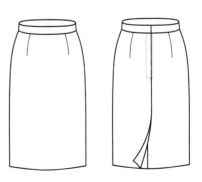

图 2-1　西服裙款式图

（2）西服裙成衣规格见表 2-2。

表 2-2　西服裙成衣规格　　　　　　　　　　　　　　单位：cm

部位	规格	设计依据
裙长	60	0.35 号
臀围	96	净臀围 +4
腰围	70	净腰围 +2
腰头宽	3	常规应用数据，略小于裤装

（3）西服裙结构设计图如图 2-2 所示。

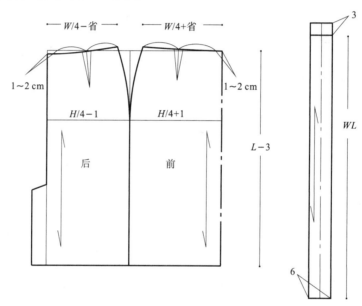

图 2-2　西服裙结构设计图

（4）将西服裙样板制成工业样板，各部位按照以下方法添加缝份。

后中心线处加 1.5 cm，下摆加 4 cm，其他各处加 1 cm，如图 2-3 所示。

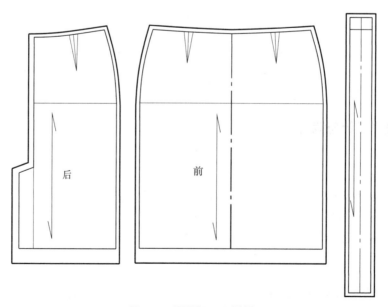

图 2-3　西服裙工业样板

（三）西服裙用料计算与排料

（1）用料计算。面料幅宽为 144 cm，采用双幅排料。由于腰头的裁剪方法不同，因此有两种用料计算方法。

① 腰头完整地裁剪，用料长度为腰围 + 5 cm。如果臀围大于 116 cm，则用料长度为裙长 × 2+10 cm。

② 腰头断开裁剪（断点可放于与侧缝相对处），则用料长度为裙长 +5 cm。

（2）西服裙排料图如图 2-4 所示。

二、西服裙工艺设计与制作

（一）西服裙工艺设计

西服裙的缝制工艺流程如图 2-5 所示。

视频：西服裙的工艺流程

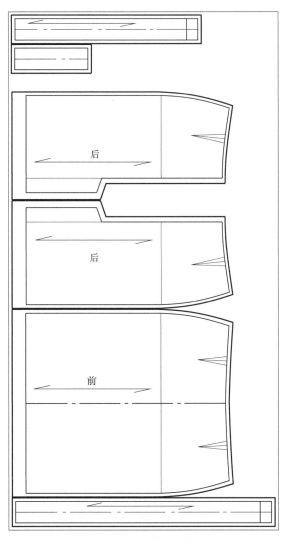

图 2-4　西服裙排料图

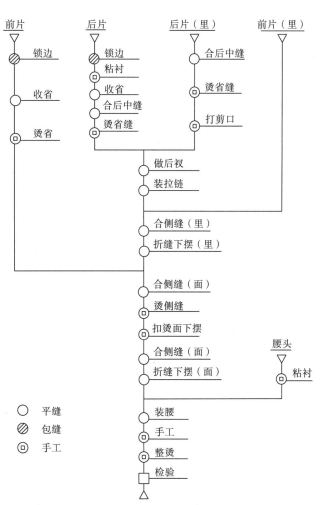

图 2-5　西服裙的缝制工艺流程

（二）西服裙缝制工艺

1．部件裁剪

（1）面料：前裙片 1 片，后裙片 2 片，腰头 1 片。

（2）里料：前裙片 1 片，后裙片 2 片。

（3）衬料：腰衬 1 片，有纺衬、无纺衬若干。

（4）辅料：拉链 1 根，挂钩一副。

视频：裙子制作准备工作　　视频：西服裙－收省

2．做缝制标记

在以下部位打剪口或打线钉：省位、侧缝线、下摆贴边、后中线、后衩位。

有些需做缝制标记的部位正好处在缝份的位置，就可以在缝份上相应的地方打剪口，剪口的深度为 0.2 ~ 0.3 cm。打线钉做标记的方法适用范围很广，但操作较麻烦。打线钉时需注意：

（1）视面料的厚薄采用不同的打法，厚面料常采用双线单打法，而薄面料常采用单线双打法。

（2）打线钉时通常在直线部位可较稀疏，在曲线、弧度大的部位可适当减小针距，紧密一些。

3．粘衬

粘有纺衬的部位有前、后片的下摆贴边，后片的开衩部位；粘无纺衬的部位有后片的上拉链部位；粘腰衬的部位有腰头，如图 2-6 所示。

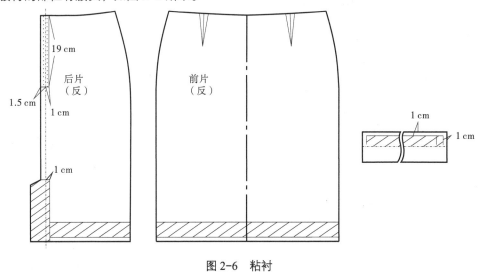

图 2-6　粘衬

4．锁边

裙片除腰口和下摆之外，其余各处全锁。

5．做省

（1）收省：按照剪口及对位记号从省根缉缝到省尖。省根处倒针加固；缉到省尖后，仍保持面料在左侧压脚下面，使平缝机空跑一段，留 3 ~ 4 cm 线尾。缉省位置、规格要准确，线迹均匀顺直，省尖要尖，如图 2-7 所示。

（2）烫省：将省缝向侧缝方向烫倒，并在省尖处围绕省尖横向来回熨烫，把省尖下端部位烫圆，使之略有胖势，如图 2-8 所示。

6．合后中缝

（1）合中缝：将两后片正面相向对齐，留出上开口，从上向下缉至开衩高度的位置，两端都要打倒针加固。两后片夹里用同样的方法缉合后中缝。然后，把后片的缝份劈开熨烫，并把左片的后衩部分即门襟沿后中线净线处折进烫倒；后片夹里的缝份全部倒向左片，并留出 0.5 cm 松量。

缝份的熨烫通常都在面料的反面进行，一般有两种熨烫方法。一种方法是将缝份分开，分别向两侧压倒，再用熨斗烫实烫煞，称为劈缝烫，其特点是缝合处的两侧厚薄均匀。另一种方法是将缝份同时倒向一侧，再用熨斗烫实，称为倒缝烫，常用于薄型面料，如里子、夏装面料等，也可用于需要压缉明线的款式，如牛仔裤等。

（2）打剪口：在右后片的中缝下端缝份上打一剪口，使其后衩部分（里襟）能够展开，如图 2-9 所示。

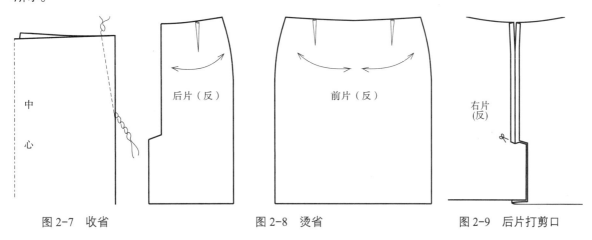

图 2-7　收省　　　　　　　图 2-8　烫省　　　　　　　图 2-9　后片打剪口

在夹里后中缝缉线的起始处，两层里料同时打剪口。沿斜向下 45° 方向（①）剪一刀，剪口超过缉线 0.5 cm；在左后片夹里的开衩拐角部位（②）打一个剪口，长度为 1 cm，如图 2-10 所示。

7．做后衩

（1）装里襟：先把右片夹里（里襟一侧）的下摆缝份沿净线折转，再把其边缘折进 0.5 cm，不露毛边。把右片夹里夹置在右裙片的裙身与下摆贴边之间，沿里襟缝份缉合，如图 2-11 所示。翻转里襟，把直角翻足，整烫平整，边缘处做出 0.1 ~ 0.2 cm 的里外容。

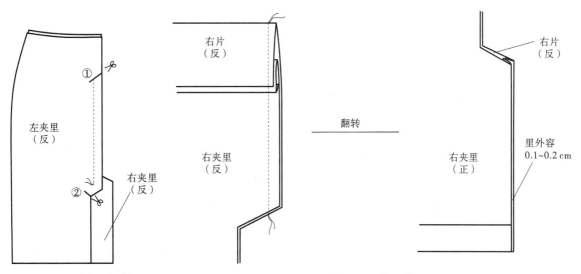

图 2-10　后夹里打剪口　　　　　　　　　　图 2-11　装里襟

（2）做衩角：如图 2-12 所示，在左后片先摆处，经过下摆净线与后中净线的交点 P 画 45° 底角线，留 1 cm 缝份，其余剪掉。把反面朝外，过点 P 将左片斜向折叠，底角线对正缉线，两端打倒针，再分缝烫平，翻正衩角。

（3）装门襟：如图 2-13 所示，把左裙片与左片夹里的下摆贴边都沿净线折转，沿门襟缝份缉合，再翻转烫平整。

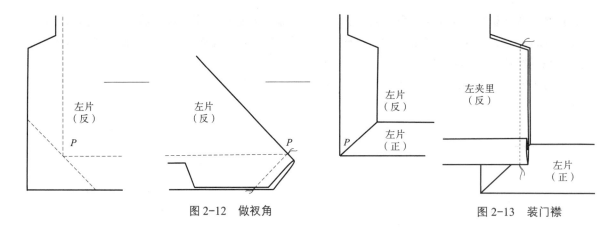

图 2-12 做衩角   图 2-13 装门襟

（4）封后衩：如图 2-14 所示，把夹里门襟上端的份向内折边，并把里襟上端所有的缝份都插入其下面，在此处以 0.1 cm 明线缝合，两端打倒针加固，缝合时切不可将左片裙片带入。注意完成后门、里襟搭叠平服，长度保持一致。

图 2-14 封后衩

视频：裙开衩制作

8．装拉链

（1）裙片夹里装拉链：如图 2-15 所示，夹里与拉链都正面朝上放置，开始打倒针加固，再沿拉链边以缝份 0.5 cm 缉缝。缝至拉链底点 A 时停住，机针留在缝料中。此处正是打剪口的位置。将缝料旋转 180°，缉缝至另一侧拉链底点 B 时，机针仍保留在缝料中，再将缝料旋转 180°，缝合至拉链头另一端，以倒针结束。注意车缝至拉链底 A、B 两点时不可超越剪口，以免造成脱纱。翻至夹里正面，可以看到缝合之后的线迹呈 U 形。

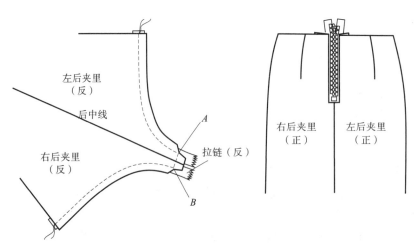

图 2-15 夹里装拉链

（2）裙片面层装拉链：在裙片开口处，左后片按净份扣烫 1.5 cm，右后片烫 1.2 cm。把拉链与右后片开口用 0.1 cm 明线缉在一起，然后在正面以 1 ~ 1.2 cm 明线把左后片与拉链缉在一起，开口止点处封结，三道封结线重合在一起，拉链拉合后，两裙片对合整齐，或略有搭叠，如图 2-16 所示。

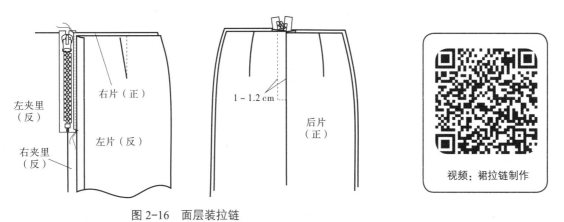

图 2-16　面层装拉链

9. 合侧缝

首先，将裙片、裙片夹里的侧缝分别缉合；其次，将裙片的侧缝缝份劈缝熨烫，将裙片的下摆贴边折净扣烫；最后，将裙片夹里的缝份全部倒向后片，留出 0.3 cm 的松量熨烫。

10. 做下摆

（1）下摆包边：取 45° 正斜纱的包边条，从后衩的门襟一端开始，将裙片贴边正面向上置于底层，包边条正面与之相对，先将包边条横端折进 0.5 cm，再沿下摆边缘以 0.5 cm 缝份缉合，车缝至里襟一端，结束时再将包边条横端折进 0.5 cm，如图 2-17 所示。

（2）压明线：将包边条沿缉合线翻转，再沿贴边边缘折转至裙片贴边反面，在缉合线处压缉 0.1 cm 明线，如图 2-18 所示。

视频：西服裙 - 合侧缝

11. 折缝夹里下摆

把裙片夹里的下摆贴边扣折好，然后在夹里反面，沿扣折边缉 0.1 cm 明线。起止点的位置在开衩处。完成后，夹里下摆边缘比裙片下摆边缘短 2 cm。

12. 装腰

（1）做腰头。把腰面的缝份折净扣烫，再用腰里的缝份包转腰面，扣烫，如图 2-19 所示。

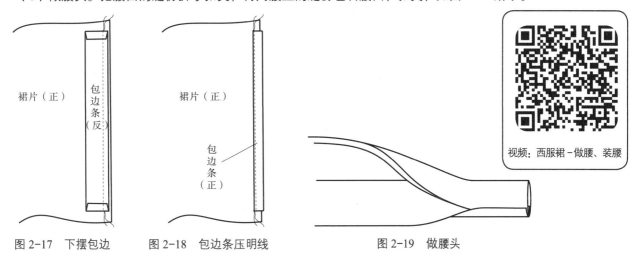

图 2-17　下摆包边　　　　图 2-18　包边条压明线　　　　图 2-19　做腰头

（2）固定裙面与夹里腰口。将裙片面层与夹里的腰口车缝固定。在面层省道的对应位置，把夹里腰口多余的量以褶裥的形式做出，注意褶裥量的大小要保证夹里的侧缝与面层侧缝对正，不可错位。固定线落位在腰口缝份上，不可超出。

（3）装腰。

①缉腰面：把腰面和裙片腰口正面相对，在里襟处，腰头留出 3 cm，再从里襟开始，对齐对位标记，按 1 cm 缝份缉线。缉缝时裙片腰口要略松些，并注意不要使省缝、侧缝缝份、夹里褶裥牵拉变形，如图 2-20 所示。

②封腰头两端：如图 2-21 所示，首先，腰头搭门一侧缝合为筒形，另一侧直接缝合即可；然后，进行翻烫。腰头上顶角要翻足、方正，同时腰头两端的里外容要合理。

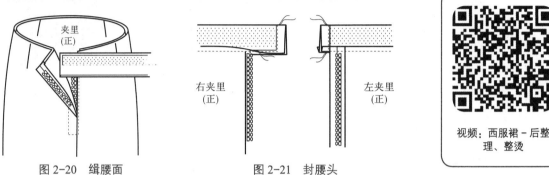

图 2-20　缉腰面　　　　　　　图 2-21　封腰头

视频：西服裙－后整理、整烫

③灌腰里：将腰头正面向上，以灌缝方法定腰里。缉线时，下层略带紧，不能使腰面起涟形。缉线要顺直，不能上道下道。

13．手工

（1）钉挂钩：先用锁眼线在腰头门襟上缝钉上钩扣，正面不可露出针脚。合上拉链，找准腰头里襟的挂钩位置，缝钉下钩扣。

（2）用手针或缲边机缲缝下摆，带线要均匀，平服不起皱；用三角针针法，把下摆处门襟绷缝固定。

（3）在侧缝的下摆部位，用拉线襻方法连接面料与夹里，线襻长度为 3 ~ 4 cm。

14．整烫

先把裙子的下摆部位盖水布烫平，再把裙子后衩摆正，盖上水布烫平，裙子各部位都要烫一遍，裙身弧形的部位放在铁凳上或烫馒头上熨烫。

视频：西服裙的质量标准

（三）西服裙质量标准

本文使用的质量标准引自《连衣裙、裙套》（FZ/T 81004—2012）相关的质量规格要求。

1．规格标准及规格测量

（1）裙长：误差不超过 1.5 cm，测量时由腰上口沿侧缝摊平，垂直量到裙子底边。

（2）腰围：误差不超过 1 cm，测量时扣上裙扣（挂钩），沿腰头宽中间横量。

（3）臀围：误差不超过 2 cm，测量时由臀部摊平横量（周围计算）。

2．对条、对格要求（面料明显的条格，在 1.0 cm 以上适用）

对条、对格规定见表 2-3。

表 2-3　对条、对格规定　　　　　　　　　　　　单位：cm

序号	部位名称	对条、对格规定
1	左右前身	条料顺直、格料对横，互差不大于 0.3 cm（如果格子大小不一致，以裙长的 1/2 以上部分为主）
2	裙侧缝	条料顺直、格料对横，互差不大于 0.3 cm
3	袋盖与大身	条格对条，格料对横，互差不大于 0.2 cm
注：特别款式的不在这个范围		

3．缝制规定（图2-22）

（1）各部位缝制线路顺直、整齐、平服、牢固。

（2）上下线松紧适宜，无跳线、断线。起止有倒回针。

（3）商标、号型标志、成分标齐全，内容清晰准确。

（4）扣子与眼对位、整齐牢固，纽脚高低适宜、线结不外露。

（5）各部位缝纫线迹30 cm内不得有两处单跳针和连续跳针，链式线迹不允许跳针。

（6）装饰物（绣花、镶嵌等）牢固、平服。

4．整烫规定

（1）各部位熨烫平服、整洁，无烫黄、水渍和极光。

（2）粘合衬的部位不允许脱胶、渗胶和起皱。

图2-22　西服裙

任务三　连腰褶裥裙制作工艺

学习目标　掌握连腰褶裥裙制版、制作知识和相关技能（规格设计、制图、放缝份、排料、制作）。

知识要点　规格设计、制版、排料画样、制作方法与工序和质量标准。

技能要点　做褶裥，装隐形拉链，连腰制作，制作工艺每一程序的技巧。

素质要点　工作中态度严谨，积极认真，不断进取，自觉遵守职业道德和职业规范。

一、连腰褶裥裙纸样设计与裁剪

1．款式说明

本款裙装特点为连腰，前身正中收单向褶裥一个，前腰收两个省，后腰收两个省，右侧侧缝上端装隐形拉链，装夹里。款式如图2-23所示。

2．连腰褶裥裙的规格设计与样板制作

（1）连腰褶裥裙结构工艺选用号型：165/68A。

连腰褶裥裙成衣规格设计见表2-4。

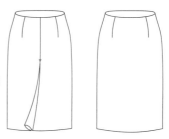

图2-23　连腰褶裥裙款式

表2-4　连腰褶裥裙成衣规格设计　　　　　　　　单位：cm

部位	规格	设计依据
裙长	60	0.35 号
臀围	96	净臀围 +4
腰围	68	净腰围 +0
褶裥宽	8	根据款式和运动需求而定

（2）连腰褶裥裙结构设计图如图2-24所示。

（3）将连腰褶裥裙样板制成工业样板，各部位按照以下方法添加缝份。

下摆加4 cm，其他各处加1 cm，如图2-25所示。

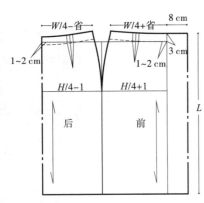

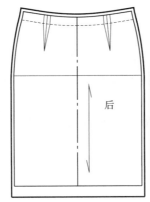

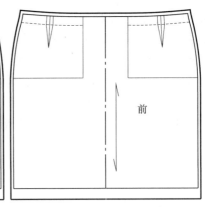

图 2-24　连腰褶裥裙结构设计图　　　　　　　图 2-25　连腰褶裥裙工业样板

3．连腰褶裥裙用料计算与排料

（1）用料计算。面料幅宽为 144 cm，采用双幅排料。由于腰部贴边的纱向使用可经向可纬向，因此有两种用料计算方法。

①腰部贴边的纱向与裙片的纱向相同，用料长度：腰围 +15 cm。

②腰部贴边的纱向与裙片的纱向互相垂直，用料长度：裙长 +6 cm。

（2）连腰褶裥裙排料图如图 2-26 所示。

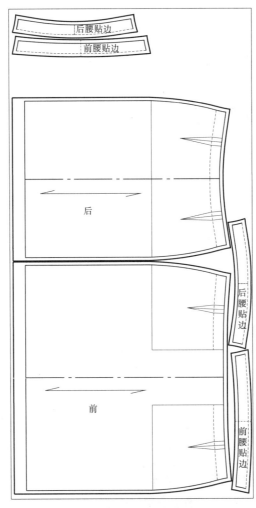

图 2-26　连腰褶裥裙排料图

二、连腰褶裥裙工艺设计与制作

(一) 缝制工艺流程

连腰褶裥裙的缝制工艺流程如图 2-27 所示。

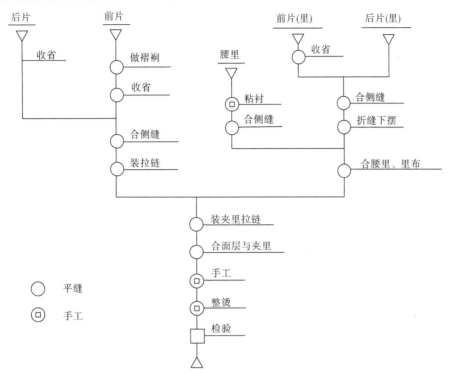

图 2-27　连腰褶裥裙的缝制工艺流程

(二) 缝制工艺

1．部件裁剪

（1）面料：前裙片 1 片，后裙片 1 片，前腰里 1 片，后腰里 1 片。

（2）里料：前裙片 1 片，后裙片 1 片。

（3）衬料：有纺衬、无纺衬若干。

（4）辅料：隐形拉链 1 根。

2．做缝制标记

在以下部位打剪口或打线钉：省位、褶裥位、侧缝净线、下摆贴边。

3．粘衬

粘有纺衬的部位：腰里、裙片下摆；粘无纺衬的部位：前、后片右侧的装拉链部位。

4．锁边

裙片及腰里，除腰口之外，其余三边全锁。

5．做褶裥

先将前片下摆的中段部分按照净线扣烫。

如图 2-28 所示，沿褶裥边将褶裥用攘针固定，再沿攘线从腰口到臀围线处车缝一道，两端用倒针加固，然后将缉好的褶裥全部倒向右边，用手针攘住，盖上水布，烫平烫实。如果面料正面有褶裥印痕，应在反面掀起褶裥底用熨斗磨烫。

将裙片正面朝上摆放平整，在臀围线处，缉缝三角形线迹，目的是固定褶裥，也在褶裥开口处起到加固作用，如图 2-29 所示。

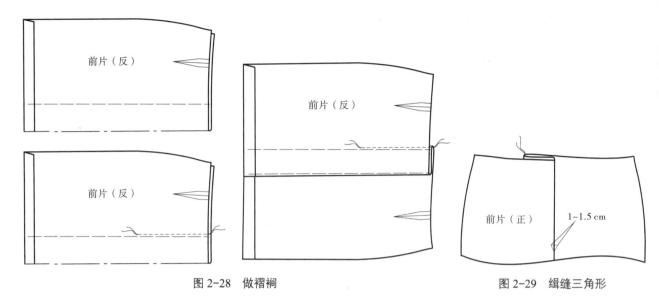

图 2-28　做褶裥　　　　　　　　　　　　　　　　　　　　　　图 2-29　缉缝三角形

6．收省

收省方法与西服裙相同。

7．合侧缝

左侧由腰口至下摆缉缝，两端打倒针；右侧由下摆缝至拉链下端止点，劈缝烫平。

8．装隐形拉链

隐形拉链的拉链齿是向拉链带反面折转的，当拉链闭合时，在正面看不到拉链齿。如果隐形拉链安装得好，在服装上只会看到完美的缝线，是看不到拉链本身的。安装隐形拉链前要先对拉链稍做处理，把两侧的拉链齿分别掰开、抚平，用熨斗略微熨烫一下，使之折转的程度降低，显得比较舒展平整。

本款裙装安装拉链的位置在右侧缝上端。裙子右侧开口的长度比拉链的长度短 4 cm，先把拉链左侧放置在侧缝开口处的后片上，拉链正面与后片正面相对，打开略微折卷的拉链齿开始装拉链，如图 2-30（a）所示。缉缝线迹离开拉链齿 0.1 mm，缝至拉链末端，如图 2-30（b）所示。缉缝拉链另一侧与前片，从开口止点下 1 cm 缝合至腰口，如图 2-30（c）所示。完成后，把拉链头从开口处的裙片反面送到正面。拉链闭合之后就会被隐藏起来而只看到完整的侧缝。缉线离拉链齿太近，会影响拉链开合；离得太远，会暴露拉链，影响美观。

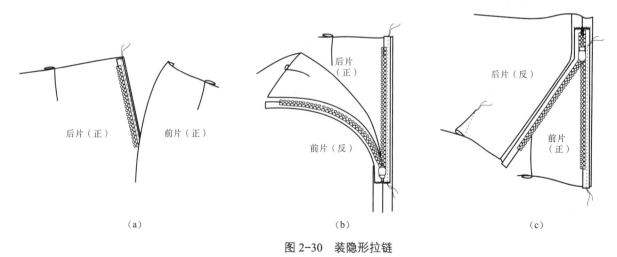

图 2-30　装隐形拉链

（a）装左侧拉链；（b）缉缝线缝至拉链末端；（c）缉缝拉链另一侧与前片

安装隐形拉链还可以使用专用压脚，如图 2-31 所示，不必事先对拉链做处理，操作起来更加方便和容易。

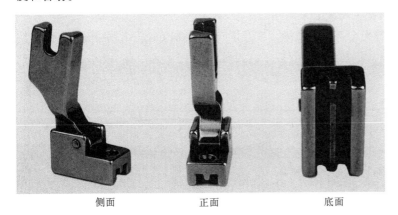

视频：隐形拉链制作

侧面　　　　　　　正面　　　　　　　底面

图 2-31　装隐形拉链专用压脚

9. 做夹里

（1）做省：在与面层省位对应的位置，以小于面省 0.2 cm 的量做夹里腰口的省，0.2 cm 留作松量。为避免与面省重叠，省缝应倒向侧缝。

（2）做侧缝：如图 2-32 所示，把裙夹里的侧缝缝合，右侧上端开口处不缝合，开口点比裙片面的开口点低 2 cm；两侧下端也不缝合，留出 10 cm 的开衩量，再将缝份连续折转，沿折边缉 0.1 cm 明线。侧缝缝份做倒缝烫，倒向后片，同时烫出 0.2 ~ 0.5 cm 的松量。

（3）折缝下摆：把裙片夹里的下摆贴边扣折好，然后沿扣折边缉 0.1 cm 明线。

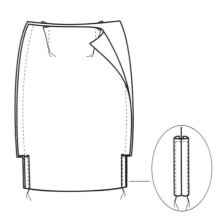

图 2-32　做侧缝

（4）做腰里：将腰里粘上无纺衬，再将其左侧缝缝合，劈缝熨烫。

（5）装腰里：将腰里下口与夹里的腰口缝合。注意侧缝处对齐对正。缝份向下方烫倒。

10. 装夹里拉链

如图 2-33 所示，将拉链反面朝上，夹里正面与之相对，夹里的缝份为 1.5 cm，进行缝合，合至与裙片面开口点相同的位置。翻转之后，夹里开口的下端自然形成尖角。

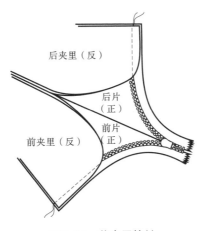

后夹里（反）

后片（正）

前片（正）

前夹里（反）

图 2-33　装夹里拉链

11．合面层与夹里

（1）缉腰口：如图 2-34 所示，将面层与夹里正面相对，沿腰口缝份缉缝一道。缝合开始和结束时要把侧缝开口处夹里和面层的缝份都倒向夹里。

（2）定腰口缝份：将腰口处的缝份全部倒向腰里，在腰里布上以 0.1 cm 压缉明线一道。但是缉线无法到达拉链部位，只要缉线尽量靠近拉链处就可以了，如图 2-35 所示。

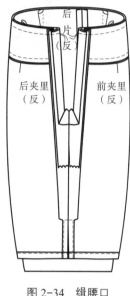

图 2-34　缉腰口

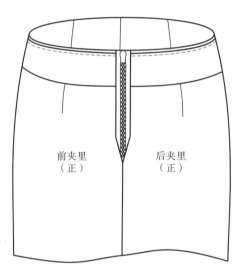

图 2-35　定腰口缝份

12．手工

（1）拆除擦线，去除线头。

（2）用手针或缲边机缲缝下摆，带线要均匀，平服不起皱。

（3）在腰里与里料的连接处、侧缝的下摆及拉链下端等部位，用拉线襻的方法连接面层与夹里。

13．整烫

先把裙子的下摆部位盖水布烫平，再把裙子的褶裥摆正，盖水布烫平，其他部位加盖水布熨烫平整。

（三）褶裥裙质量标准（图 2-36）（参考西服裙）

（1）各部位规格准确，缝份均匀，归拔适当。

（2）褶裥纱向顺直，外观平服不外翻。

（3）拉链平服，开口下端面料无错位，拉链齿与面料距离合理，既不露齿又易于开合。

（4）连腰止口处不可反吐。

（5）裙里与裙面贴服，松量适当。

（6）整烫平整，烫实，无极光。

图 2-36　连腰褶裥裙

思考与训练

1. 做开衩、装拉链时为什么要先粘衬？
2. 装隐形拉链时的工艺要点有哪些？
3. 装腰时的工艺要点有哪些？
4. 西服裙带夹里的开衩制作，面料与夹里的配合关系是怎样的？
5. 工艺训练：裙开衩、西服裙拉链、隐形拉链制作训练。

拓展阅读

一、包边条的制作

包边条可以在服装的某些特定部位保护面料的边缘，增加服装的美观性，改变服装的个性风格。要选择恰当的面料来制作包边条，以与服装的材料相搭配、相呼应。

常用包边条的宽度为 2.5～4 cm。包边条使用的纱向与经纱成45°，称为正斜纱。

制作方法 1：在适当的面料上按照包边条宽度画出 45°正斜方向的平行线，再裁剪下来，即可作为包边条，如图 2-37 所示。

如果包边条长度不够，要把两根包边条的拼接处剪为经纱方向，再缉合，增加了包边条的长度，如图 2-38 所示，之后把接头处做劈缝熨烫，剪掉露出的多余缝头。

图 2-37　裁剪包边条方法

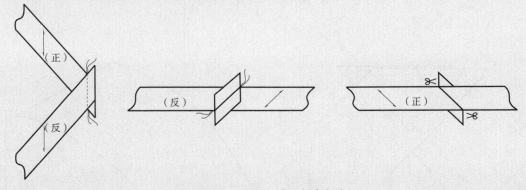

图 2-38　增加包边条长度方法

制作方法 2：把正方形的包边条面料沿对角线裁断，再把经纱方向的两条边缉缝起来，劈缝熨烫，成为平行四边形，如图 2-39 所示。如果想要更多更长的包边条，就按照上述方法，多做出一些平行四边形，再沿着纬纱方向把毛边缉缝起来，如图 2-40 所示。然后把平行四边形纬纱方向的两个毛边正面相对摆放，此时一定要注意：上下两层务必要错开一个包边条的宽度，再缉合在一起，成为圆筒。将圆筒翻到正面，沿箭头所指方向，按照包边条宽度剪开圆筒，就可以得到连续不断的包边条，如图 2-41 所示。

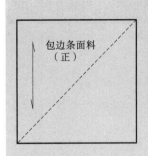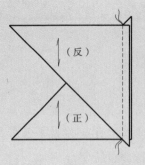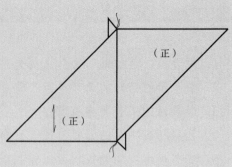

图 2-39　做平行四边形

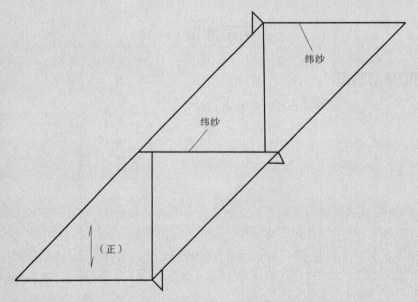

图 2-40　缉合多个平行四边形

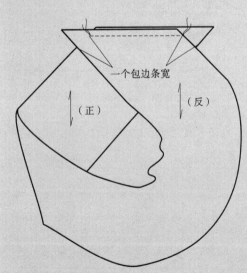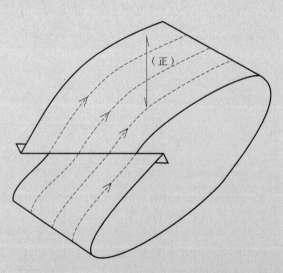

图 2-41　裁剪包边条

二、下摆的处理

裙子下摆的形状有多种，如果是直线形或接近直线形，可按照前述两种裙子的工艺方法来制作。若是田园风格或休闲风格的裙子，下摆也可以直接采用折边缝的方法制作，贴边宽度为1.5～2.5 cm，如图2-42所示。

如果是曲线形或不规则形的下摆，就要先单独做出贴边，总宽度5～6 cm，把贴边与裙片下摆缉合，缝份全部倒向贴边，在贴边上缉缝0.1 cm明线。然后沿下摆净线将贴边熨烫服帖，要烫出里外容量，接下来就可以按照常规方法进行制作了，如图2-43所示。若是裙子使用化纤面料，则可使用熔融的方法，而不必缝合，只要毛边不脱纱就可以了。

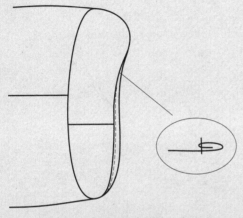

图2-42　下摆折边缝处理方法

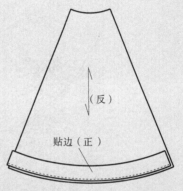

图2-43　下摆的贴边处理方法

三、面料的纱向使用

一般情况下，面料的经纱方向用于服装的长短，纬纱方向用于服装的肥瘦。在面料上，不同于经、纬方向的纱向，我们称为斜纱，实际上是不存在这个方向的纱线的。在制作服装中使用斜纱面料，也可以成为斜裁。

斜纱面料相比较之下，柔软性、弹性、悬垂性更好，能使成衣与人体更服帖，如女士睡衣使用斜纱面料制作，穿着更随意随形；或者能形成更加柔软和丰富的褶裥，改变裙子的造型。如图2-44和图2-45所示，180°斜裙和360°太阳裙，下摆多处为斜纱，并有丰富的波浪形褶裥。太阳裙裁剪如图2-46所示，成衣如图2-47所示。

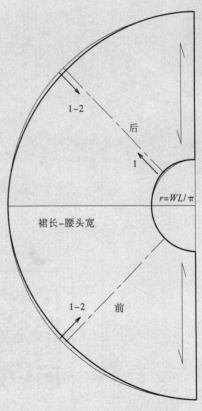

图2-44　180°斜裙结构图

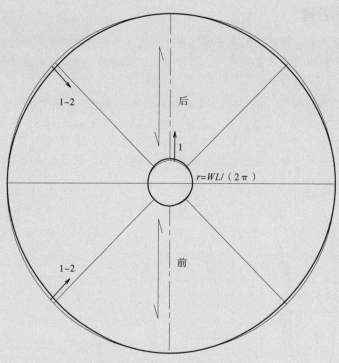

$r=WL/（2\pi）$

图 2-45　360° 太阳裙结构图

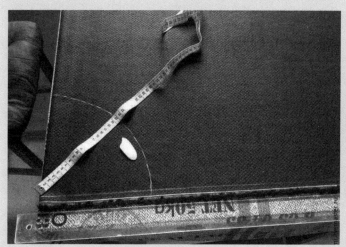

图 2-46　太阳裙裁剪

图 2-47　太阳裙

在线检测

项目三 ✂
裤装工艺设计与制作

　　裤子是将人体下半身及两腿分别包裹起来的服装，且下肢能够活动自如。裤子原是男装的一个品种，20世纪初期被引入女装，五六十年代得以普及。裤子在现代服装的所有领域都得到广泛应用。裤装分类很多，按照长短、外观造型、腰部褶裥形式、脚口形状、腰位的高低、合体程度进行不同的划分。女裤在结构上变化更为宽泛，通常采用大量的分割或造型设计，与配料、配饰的结合及用料方面选择更加灵活多变。男裤中常见的是西裤，在造型中融入褶裥、收省工艺，使裤子造型符合人体，便于活动，是很有代表性的品种，休闲裤在男裤中也比较多见。

任务一　裤装基础知识

学习目标　了解裤装常用面料、裤子的加放量。

知识要点　面料选择和加放量确定。

技能要点　裤子加放量的确定。

素质要点　工作中积极认真，一丝不苟，培养不断进取的职业精神、精益求精的工匠精神。

一、裤装的面料选择

　　裤子的面料主要有棉、麻、涤纶、羊毛、锦纶、混纺、氨纶、莱卡等。面料根据裤子的品种和功能性进行选择。

　　（1）西裤：主要选择弹性好、有一定的重量感、悬垂性好、光泽柔和、外观丰满挺括的纯毛精纺机织物、毛混纺织物和纯化纤仿毛机织物。一般夏季选择吸湿性较好、干爽、精细的纯毛凡立丁、派力司、薄花呢、毛涤精纺面料。春秋季选择平挺丰满、质地较厚的面料，如纯毛及毛混纺的华达呢、哔叽、海力蒙、格呢、法兰绒和化纤仿毛织物等。

　　（2）休闲裤：既有运动裤的舒适，又有牛仔裤的百搭帅气，还有商务裤的严谨，一直受到不同年龄消费者的喜爱。品牌休闲裤大多选用纯棉、锦纶、亚麻材质。羊绒柔软、舒适、贴身，反复清洗后也不易变形，为高档的休闲裤面料。锦纶材质粘连性差，不易出现粘毛，也是常用的休闲面料。

（3）运动裤：尼龙是早期运动服装的主要材料，有不耐磨、透气性差、易变形、易拉裂等缺陷。现代改良后不少的新材料应运而生。如高科技纤维聚酰胺尼龙解决了透气性差、不耐磨等缺点，能快速吸干身体汗水，并由其表面挥发；聚四氟乙烯防水透温层压织物，能像人体皮肤一样呼吸，将多余水蒸气导出体外，又隔绝外界雨雪的侵袭，常用来制作登山服等专业服装；硅酮树脂用来制作鲨鱼皮泳衣、"快速皮肤"之类运动服；莱卡是人造弹力纤维，其抗拉扯的特性以及织成衣物后的光滑程度、与身体的紧贴度、极大的伸展性都使其成为理想的运动服装面料。

（4）时装女裤：很多一线品牌女裤的面料，主要成分为聚酯纤维，面料垂顺柔顺，外观挺括悬垂，对身体形成很好的包裹关系，横向、纵向弹力较好，又称四面弹。

二、裤子的加放量

裤子的设计应在量体尺寸上进行适当的加放（表 3-1）。加放量根据人体运动性、功能性和服装的廓形来定，也与面料的性能有关。

表 3-1　裤子类型与加放量的关系　　　　　　　　　　　　　　　　单位：cm

类型 ＼ 部位	腰围	臀围
紧体型	0 ~ 1	2 ~ 6
合体型	0 ~ 2	6 ~ 14
宽松型	0 ~ 3	14 ~ 18

任务二　男西裤制作工艺

学习目标　掌握西裤制版制作知识和技能（规格设计、制图、放缝份、排料、制作）。

知识要点　裤子规格设计、排料画样、工艺流程设计方法与要求，整烫整理要求，质量标准。

技能要点　男西裤制作过程中的门里襟制作、开袋、做腰、装腰等方法和技巧。

素质要点　爱岗敬业，自觉遵守职业道德和职业规范，培养安全操作规范和质量意识。

一、男西裤纸样设计与裁剪

（一）款式说明

本款男西裤臀围加放量为 10 cm，属于合体型。前片腰部没有褶裥，两边侧缝处装斜插袋，前开门，门襟装拉链；后片腰部左右各收省一个，并装双嵌线挖袋；腰头两片直腰，6 根串带袢；直筒，平脚口。其款式如图 3-1 所示。

（二）男西裤的规格设计

男西裤结构工艺选用号型：175/76A。
男西裤的规格设计见表 3-2。

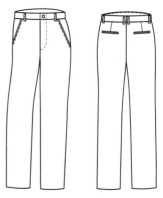

图 3-1　男西裤款式图

表 3-2　男西裤的规格设计　　　　　　　　　　　　单位：cm

部位	规格	设计依据
裤长	104	0.6 号
臀围	104	净臀围 +10
腰围	78	净腰围 +2
脚口	23.8	0.2 臀围 +3

（三）男西裤用料准备与排料

1．用料准备

（1）面料：面料幅宽为 144 cm，采用双幅排料，用料长度为裤长 +10 cm（臀围在 110 cm 范围内），超过这个限度，臀围每大 3 cm，用料另外加 3 cm。

（2）里料：宜选用柔软、光滑、吸湿透气的人丝美丽绸、涤丝美丽绸、涤丝绸、醋酸纤维里子绸等化纤仿丝绸织物以及绢丝纺、电力纺等真丝织物。用料量 = 裤长 -20 cm（挂膝绸）。

（3）其他材料：20 cm 细齿拉链 1 条，无纺衬 1 m（用于裤腰里、袋口牵条、里襟、袋口等），口袋布 50 cm，裤钩 1 副，直径 1.6 cm 的纽扣 3 颗，面料对色线 1 轴以及缝纫工具等。

2．结构图与排料图

（1）男西裤结构如图 3-2 所示。

（2）男西裤排料如图 3-3 所示。

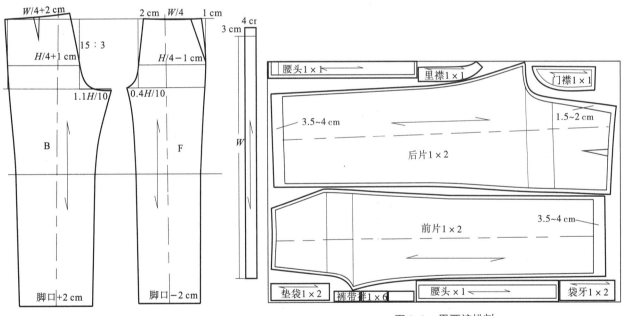

图 3-2　男西裤结构　　　　　　　　　　　图 3-3　男西裤排料

二、男西裤工艺设计与制作

（一）缝制工艺流程

工艺流程的设计按照工序来划分。工序是服装生产加工中最小的单元。工艺流程的组织安排对于服装生产至关重要。一般来说，工序组织时按照先部件再合片、先局部再整体的顺序进行。在工业化生产中，还需要结合企业的设备、生产条件、工人的技术水平、交期等因素综合考虑，如图3-4所示。

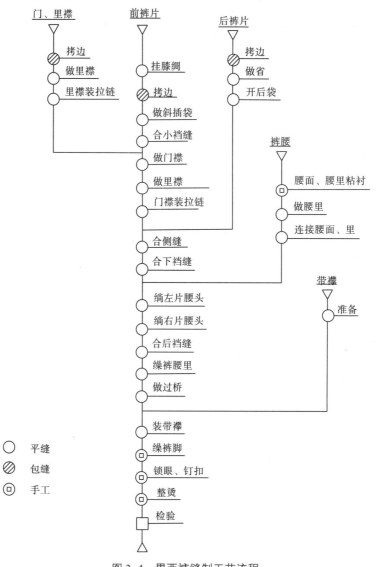

图 3-4 男西裤缝制工艺流程

流程图文字（从左到右三列及腰部、带襻）：

门、里襟：拷边 → 做里襟 → 里襟装拉链

前裤片：挂膝绸 → 拷边 → 做斜插袋 → 合小裆缝 → 做门襟 → 做里襟 → 门襟装拉链 → 合侧缝 → 合下裆缝 → 绱左片腰头 → 绱右片腰头 → 合后裆缝 → 缲裤腰里 → 做过桥 → 装带襻 → 缲裤脚 → 锁眼、钉扣 → 整烫 → 检验

后裤片：拷边 → 做省 → 开后袋

裤腰：腰面、腰里粘衬 → 做腰里 → 连接腰面、里

带襻：准备

图例：
○ 平缝
◍ 包缝
▣ 手工

(二) 缝制工艺

1. 做缝制标记

在以下部位打剪口或线钉。

前裤片：裤中线、褶裥位、袋位线、中裆线、臀围线、脚口线。

后裤片：省位线、袋位线、裤中线、中裆线、臀围线、脚口线、后裆缝线。

垫袋布（侧袋）：袋位线。

2. 粘衬、拷边

按腰头面、门襟面的净样裁剪所需用衬（腰头用腰衬），里襟里、腰头里所用衬采用斜丝方向，双嵌线袋牙采用直丝方向。插袋处粘1 cm宽直牵带，如图3-5所示，将衬放到正确位置，用熨斗将衬粘实。将裤片除腰头外均拷边，注意线迹松紧得当。

3. 归拔前裤片

（1）归拔中裆：如图3-6(a)所示，首先将插袋口胖势推进归直。在侧缝中裆处，将凹势略拔开，把侧缝烫成直线。再将前裆缝胖势推进归直，在下裆缝中裆处，将凹势略微拔开，把下裆缝烫成直

线。在中裆拔开的同时，在烫迹线的相应部位，即膝盖处，适当归拔，以保持烫迹线的挺直，最后将裆位按线钉标记撬线，定牢，在正面盖水布喷水烫平。

（2）烫裤中线：按烫迹线的线钉标记，将下裆缝份放平放齐，在裤片正面盖上水布，喷水烫平裤中线，如图3-6（b）所示。

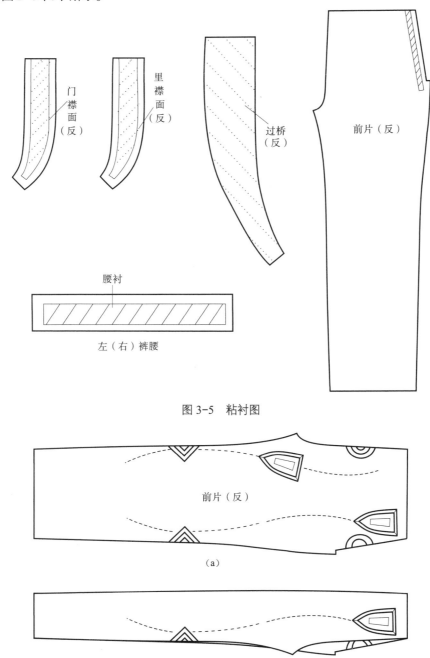

图 3-5　粘衬图

图 3-6　归拔前裤片
（a）归拔中裆；（b）烫裤中线

4．挂膝绸

挂膝绸使穿着更为舒适，还能够保护膝盖，增加穿着牢度。将膝绸下口毛边折光，扣倒0.5 cm，连续2次，清止口，明缉0.1 cm一道，然后放到前裤片的反面，上口与要口平齐，与前片相比，留出0.3 ~ 0.5 cm松量，然后与前裤片一起锁边固定，将腰口一侧留出，如图3-7所示。

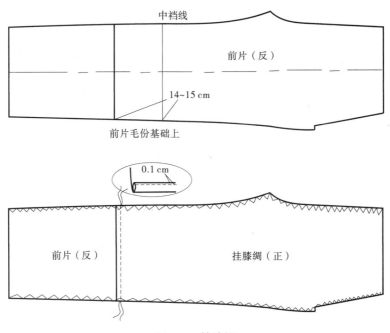

图3-7　挂膝绸

5．做斜插袋

（1）缉袋布：如图3-8所示，先在下层袋布上按线钉标记固定垫袋布；对折上下袋布，反面相对，上层袋布距袋位线2 cm处起针，沿边缉线0.3 cm；翻至正面沿边缉0.5 cm明止口一道。

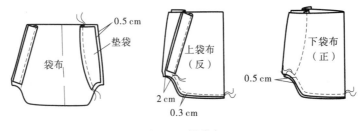

图3-8　缉袋布

（2）装前袋：如图3-9所示，把袋布与前裤片正面相对，对准袋口线钉标记，袋贴边夹于其中、距止口1 cm将三层同时固定；摊平袋布并熨烫止口，沿边缉线固定袋贴边与袋布；袋布折入反面，明缉止口0.1 cm一道，缉时止口反吐0.1 cm，使造型美观，手势略推送布，以免袋口起涟不平服。

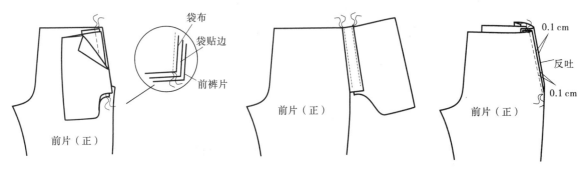

图3-9　装前袋

（3）定斜插袋：如图 3-10 所示，把
前片袋口线置于垫袋布上下两个剪口处，
在袋口腰位线向下缉 3 cm 双线固定袋口上
端，然后将袋布移开，在袋口下端缉双线
2 cm。在腰口线处把前裤片、垫袋布和袋
布三层在缝份以内将其固定。

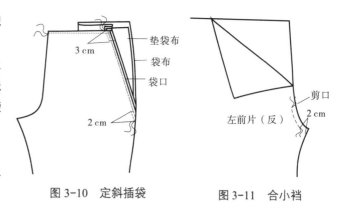

图 3-10　定斜插袋　　　　图 3-11　合小裆

6．做前开口

（1）合小裆：将左、右前裤片小裆止
口对齐，从标记开始缉到尾部 2 cm 处止，
如图 3-11 所示。

（2）粘衬及锁边：先将门、里襟反面粘上无纺衬（厚料可不粘），粘实，然后拷边，门襟锁外
弧线一侧，里襟锁内弧线一侧。里襟里简称过桥，采用与袋布相同的漂布，并在反面粘上斜丝无纺
粘合衬，如图 3-12 所示。

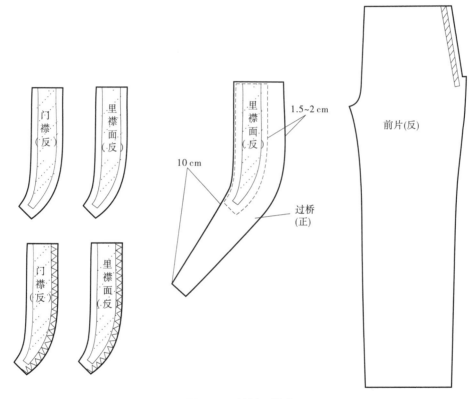

图 3-12　粘衬及锁边

（3）做门襟：如图 3-13 所
示，先将门襟内弧线与左前片正面
相对，沿边缉缝 0.7 cm，缉至拉链
尾下 1 cm 标记位置，倒针回牢，缉
时略推送布翻转门襟；缝份向里坐
倒，坐进 0.1 cm 并烫平；翻开前裤
片，在缝份上压缉 0.15 cm 止口一
道，使止口不反吐。

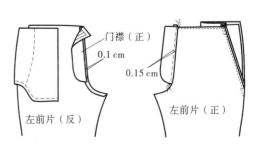

图 3-13　做门襟

（4）做里襟：如图 3-14 所示，里襟与过桥正面相对，缝份 0.7 cm，然后翻至正面将过桥坐进 0.1 cm 缉止口明线 0.1 cm（扳住缝份不反吐），熨烫过桥止口，将里口止口 1.5 ~ 2 cm 缝份扣净压倒，弯势处可适当开几个剪口，熨烫均匀、平服，过桥里口比里襟坐出 0.1 cm。

（5）里襟装拉链：如图 3-15 所示，将拉链正面向上，左侧与里襟锁边侧沿边对齐，顶部对齐，掀开过桥，以 0.5 cm 缝份将拉链固定，起止打倒回针。

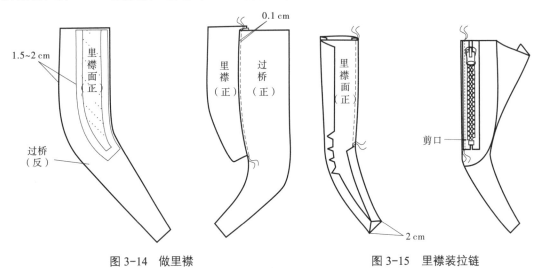

图 3-14　做里襟　　　　　　　　　　　图 3-15　里襟装拉链

（6）绱里襟：如图 3-16 所示，将右前片缝份向里扣净，坐倒烫平，至标记处减至 0.8 cm，扣烫时不可拉还，盖住里襟上装拉链缝线，拉开过桥，压缉 0.1 cm 明线，缉时右手在下略拉里襟，左手向前推送裤片，否则易引起前裆线变形拉长。

（7）绱门襟拉链：如图 3-17 所示，将门襟止口盖住里襟止口 0.3 cm，在门襟上标示出拉链右侧的对应位置，拉开拉链，按标记位置，从拉链反面起针，将拉链与门襟缉线固定，缉线时注意保持裤片的平服。

视频：门里襟制作

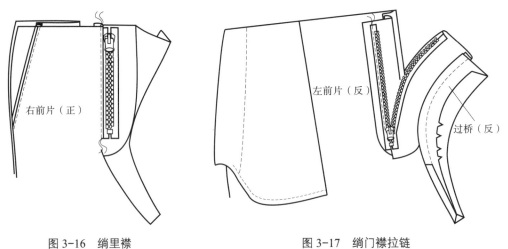

图 3-16　绱里襟　　　　　　　　　　　图 3-17　绱门襟拉链

7. 做后片

（1）收省：省的大小、长短位置要缉准确，省缝要缉顺，省尖要缉尖，起始打回针。省尖缉过后，再空车多缝 3 ~ 4 cm，线头打结。在裤片反面将省缝倒向后裆缝并烫倒，省尖胖势向腰口方向略推，如图 3-18 所示。

（2）归拔后裤片：后裤片拔裆主要目的是使后腰臀处符合人体的体型特征。收省后，后裤片虽已有部分臀部胖势，但尚未达到要求，通过归拔工艺将平面织物热缩变形，达到所需造型。将后裤片臀部区域拔伸，裤片上部两侧的胖势推向臀部，将中裆以上的两侧部分凹势拔出，使臀部以下自然吸进，使成型后的西裤更加符合人体的体型，具体如下：

① 拔裆：熨斗从省缝上口开始，经臀部从窿门出来，伸烫。臀部侧缝处略归拔，后窿门横丝拔伸，拉开，横裆与中裆间最凹处拔出。注意在拔出裆部凹势时，裤片中部必产生回势，应将回势归拔烫平。

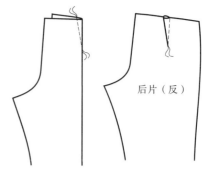

图 3-18　收后省

② 烫侧缝：熨斗自侧缝一侧的省缝开始，经臀部中间将丝绺伸长，顺势将侧缝一侧中裆上部的凹势拔出，再将熨斗向外推烫，并将裤片中部回势归拔，然后将侧缝臀部胖势归拔，如图 3-19 所示。

③ 烫裤中线：将归拔后裤片对折，下裆缝与侧缝对齐，熨斗从中裆开始，将臀部胖势推出。操作时可将左手伸入臀部挺缝线处向外推出，右手持熨斗同时推出，中裆以下裤片丝绺归直、烫平，如图 3-20 所示。

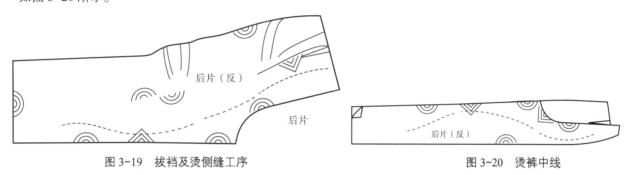

图 3-19　拔裆及烫侧缝工序　　　　　　　　图 3-20　烫裤中线

（3）做后袋布定袋位。

① 装垫袋布：垫袋布位置如图 3-21 所示，沿锁边线将垫袋布固定在下层袋布上。

② 定袋位：如图 3-22 所示，按线钉标记在后片定袋位，袋位线与腰口平行，相距 6 ~ 7 cm，距侧缝 0.04H，袋大 15 cm，并在反面粘上 2 cm 宽、17 cm 长的无纺衬。注意左右裤片大袋位高低一致，长短相同。

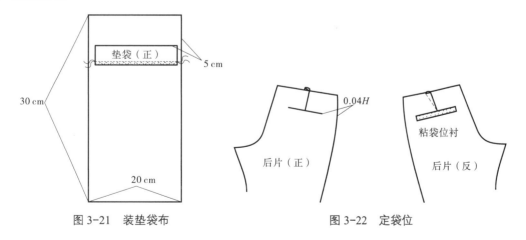

图 3-21　装垫袋布　　　　　　　　图 3-22　定袋位

（4）做后袋。

① 扣烫嵌线：如图 3-23（a）所示，扣烫嵌线成 1 cm、2 cm、3 cm，在嵌线居中画出袋位线，

对齐裤片袋位线，用手针扎缝定住，分别缉出上、下嵌线止口 0.5 cm，两线之间宽度 1 cm，起止与袋位线看齐，回扎针打住、打牢。

② 开三角：如图 3-23（b）所示，沿袋位线在两道缉线间居中开剪，距线端 1 cm 剪成三角形，开剪一定到位，剪至线根但不剪断，留出 0.1 cm，以免毛漏或翻出不平服。

③ 定嵌线：将三角折向反面烫倒，以免出现毛茬，然后将垫袋和嵌线翻入裤片反面，嵌线缝份向下坐倒，垫袋缝份向腰口坐倒，为保证上下嵌线宽窄一致，可边扎线边定嵌线，用熨斗熨烫平服，掀开裤片，将下嵌线缝份折光与袋布缉牢，如图 3-23（c）所示。

④ 缉门字形封线：翻起袋布，上口与腰头平齐，再翻至裤片正面，将袋口右侧裤片翻起，来回四道缉封三角，不断线转过 90°，沿上嵌线原缉线缉住袋布至另一侧，再转过 90°，把另一侧三角封住，袋口封线整体呈门字形，封三角时应将嵌线、垫袋布拉挺，使袋口闭合，袋角方正，如图 3-23（d）所示。

⑤ 合袋布：将上、下层袋布向内折转 0.7 cm 对合，包足嵌线及垫袋，沿边 0.3 cm 兜缉袋布，最后将上口与腰线在缝份以内固定，如图 3-23（e）所示。

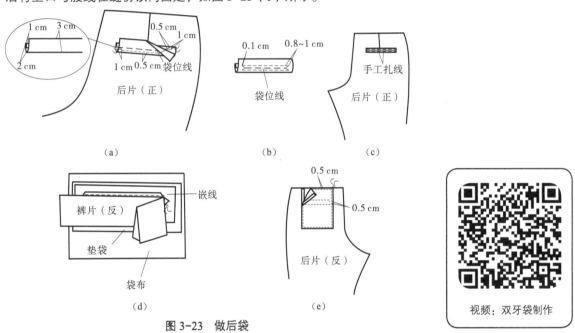

图 3-23　做后袋

（a）扣烫嵌线；（b）开三角；（c）定嵌线；（d）缉门字形封线；（e）合袋布

8. 缝合前后侧片

（1）合侧缝：将前裤片放在上层，外侧和后裤片正面相对，揭开前袋布，按照臀围线、中裆线、脚口处的线钉标记，由腰线开始起针缝份 0.8 cm，缝时不能拉伸面料，将缝份劈开放在烫台上熨平，如图 3-24 所示。

（2）缉前片斜插袋布：将下层袋布折进 1 cm 后与后裤片侧缝缝份沿边对齐，沿

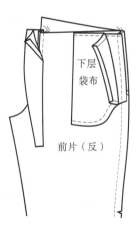
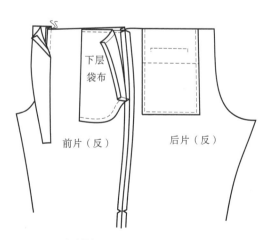

图 3-24　合侧缝

边缉 0.1 cm 止口一道，如图 3-25 所示。

（3）合下裆缝：如图 3-26 所示，按照剪口位置缝合前、后片下裆缝，再用烫台劈缝熨烫。

9．做腰

（1）裤腰组成：分左、右两片，由面、里、衬组成。腰面采用专用腰衬，裁配如图 3-27（a）所示，腰里采用与袋布相同的漂布，均为斜料，三层相拼而成，如图 3-27（b）所示。

（2）做腰里：如图 3-28（a）所示，将 4 cm 宽斜条反面粘上斜向无纺衬，上、下口均向内扣倒 1 cm，用熨斗烫平，不可拉还变形，形成 2 cm 宽斜条。再将 7 cm、9 cm 宽斜料分别对折，用熨斗压平，形成 3.5 cm、4.5 cm 宽的斜料，如图 3-28（b）所示。如图 3-28（c）所示，使两块斜料毛边对齐，4.5 cm 宽放在上层，沿边缉线 0.5 cm。与 2 cm 宽斜条相对配置，在毛边处搭缝 1 cm，缉压 0.1 cm 明线，将三层一齐固定，如图 3-28（d）所示。

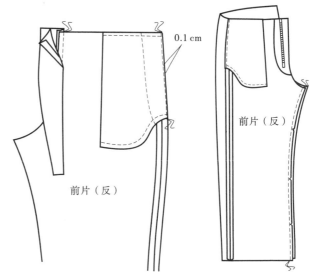

图 3-25　绱前片斜插袋布　　　图 3-26　合下裆缝

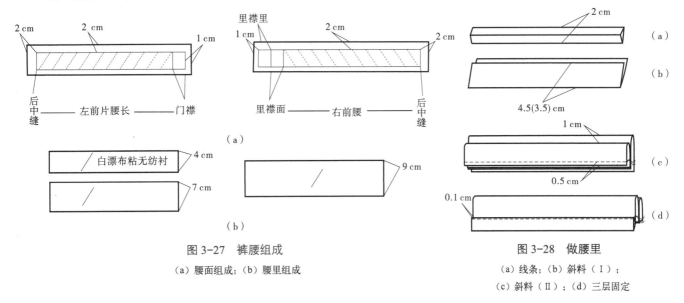

图 3-27　裤腰组成

　（a）腰面组成；（b）腰里组成

图 3-28　做腰里

　（a）线条；（b）斜料（Ⅰ）；

　（c）斜料（Ⅱ）；（d）三层固定

（3）连接腰面与腰里：扣倒腰面上口 2 cm 缝份烫平，将做好的腰里距腰面上止口 0.4 cm 搭缝其上，拉开腰面，缉压 0.1 cm 明线，将腰头熨烫平服，使腰里保持 0.3 cm 的坐势。如图 3-29 所示，在腰面下口的缝份上做出门、里襟侧缝、后中缝对位眼刀。左腰门襟下，腰里可短 6 cm 左右。

10．做带襻、装带衣襻及装腰

（1）做带襻。先将带襻正面对折缉 0.4 cm 缝份，然后烫分开缝、翻出，在正面两边缉止口 0.1 cm，如图 3-30 所示。

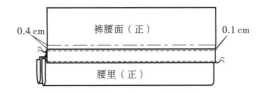

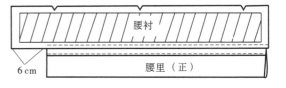

图 3-29　做裤腰

（2）装带襻。将带襻与裤片正面相对，上端与腰口平齐，距边 0.5 cm 缉线固定，离边 2 cm 来回缉封 4 道。左右片各 3 根带襻，位置为前烫迹线处、侧缝处、距后缝 2.5 cm 处，如果腰围规格大，可适当增加带襻数量，如图 3-31 所示。

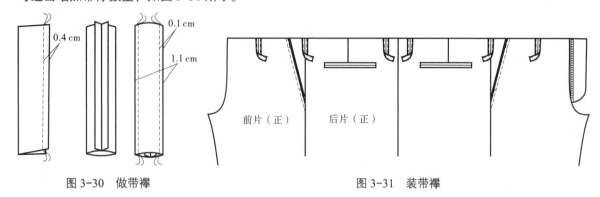

图 3-30　做带襻　　　　　　　　　　　　　　　　　图 3-31　装带襻

（3）装腰。

① 装左裤腰：将左裤腰与裤片正面相对，眼刀对准，缉缝 1 cm，装时将门襟贴边拉出，腰面比门襟贴边长出 1 cm，再将裤腰翻出正面。按门襟眼刀将腰面向反面折转，与门襟相连的腰面处可先将腰衬净掉，以免缝料太厚，影响工艺效果，然后将裤腰搭嘴与裤腰正面相对，在搭嘴顶部沿裤腰净缝折留痕迹缉线固定，注意在裤腰正面不露线迹，最后翻至正面，如图 3-32 所示。

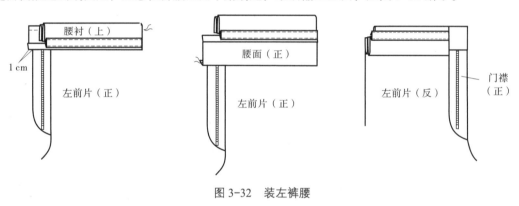

图 3-32　装左裤腰

② 装右裤腰：如图 3-33 所示，将右裤腰腰头止口比里襟多留 1 cm 缝份，按照装腰眼刀标记，对齐腰口线缉线 0.8 cm 将裤腰面与腰里正面相对折好，里子拖出 0.3 cm，在裤腰头缉线 1 cm；缝份净成 0.3 cm，倒向腰里，再把腰头翻至正面，使里子坐进 0.2 cm 再加以熨烫。完成后，腰头、里襟上下平直，无止口反吐现象。

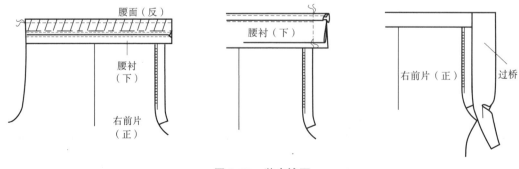

图 3-33　装右裤腰

（4）合后裆缝。如图 3-34 所示，将左、右后裤片正面相对，对齐左、右裤腰和后裆止口，可先扎线固定，由原小裆缝缉线叠过 4 cm 处起针，将十字缝对准，按后裆缝线钉标记缉向腰口，缝时要将后裆弯势拉直缉线，左、右腰里下口缉线斜度与后裆缝上口斜度一致，使腰头平服。为增加缝线牢度，可在裆底处缉双线，然后在铁凳上分缝熨烫。

（5）装四件扣。装四件扣即装裤钩。门襟腰头装裤钩，高低以腰头宽居中为标准，左右以前端进 1 cm 为宜，里襟腰头装"扁担"，与裤钩位置相对应。

（6）缉封带襻。将带襻向上翻正，上口离腰口 0.3 cm，缉线 0.5 cm，再按折痕扣倒 0.6 cm，将毛边压住，在带襻反面沿折线缉线 4 道，将带襻上口封牢，如图 3-35 所示，缉线只能缉住腰面，缉时将腰里掀起。缲缝固定腰面与腰里后，在相应的位置拉线襻。缝线时应保持上、下一致，松紧适宜，平服不变形，腰里正面无线迹。

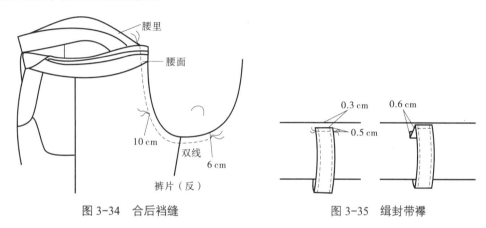

图 3-34　合后裆缝　　　　　　　　图 3-35　缉封带襻

（7）缉门襟止口明线。门襟正面向上放平，距止口 3.5 cm 处画出门襟止口缉线形状，止口圆头的形状在门襟剪口下 0.5 cm 处，按印记将裤片与门襟固定，缉缝时为防止出涟形，可略推送布或垫入硬纸板，并在末端封三角，如图 3-36 所示。

（8）缉过桥明线。将过桥尾的缝份扣净，两侧缝份按小裆底缝份宽度扣净，盖住小裆底缝份，缉压 0.1 cm 明线止口，如图 3-37 所示。

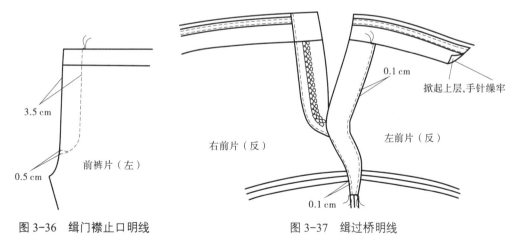

图 3-36　缉门襟止口明线　　　　　　图 3-37　缉过桥明线

11．整理

（1）缲脚口。将裤子反面翻出，按照脚口线钉将贴边扣烫准确，先用线沿边攓住，然后用本色线沿锁边线将贴边与大身缲牢。可用三角针法或缲针针法。缝线时略留松量，大身只缲起 1 ～ 2 根丝绺，在裤片正面无线迹。

（2）锁眼、钉扣。后袋嵌线下1cm居中锁圆头眼一只，扣眼直径1.7cm，垫袋相应位置钉纽扣一粒，直径为1.5cm。

12．整烫

整烫前将所有残留的线钉拔出，线头剪净，粉印、污渍清除干净再整烫，整烫的顺序是先内而外，先上再下，分步进行。

（1）烫裤子的反面。在裤子的反面喷水，将侧缝和下裆分开拉伸烫平，不使裤子皱缩，把袋布、腰里烫平。随后在铁凳上把后缝分开，弯裆处边烫边将缝份拔弯，同时将裤裆轧烫圆顺。

（2）熨烫裤子的上部。将裤子翻到正面，垫上烫干布或拧干的湿布，将省缝、褶裥、门襟、里襟、腰里、腰面烫平，再烫斜袋口，后袋嵌线。视熨烫部位的不同，选择布馒头、铁凳等烫具。熨烫时应注意各部位纱向是否顺直，遇到不平处用手轻轻捋顺，使各部位平挺圆顺。

（3）烫脚口。先将裤子的侧缝和下裆缝对准，然后将脚口平齐，上盖水布将其烫平、烫薄。

（4）烫裤中线。裤子上部烫好后，将下裆缝和侧缝对齐摆平，先烫下裆缝，再烫前裤片的烫迹线。后裤片烫迹线的臀部部位要推出胖势，横裆处后隆门捋挺，使横裆收小，横裆上端下后挺缝适当归拢。上端烫至距离腰口10cm左右停住。后烫迹线烫成人体的曲线形状。将裤子翻转，熨烫另一条裤腿，用同样的方法进行熨烫，注意后挺缝上口高低应一致。

（三）男西裤质量标准

1．经纬向技术规定

（1）裤前片：以裤中线为准，臀围线下偏斜不大于0.5cm，条格面料不允许偏斜。

（2）裤后片：经纱以后片裤中线为准，中裆线以下偏斜不大于1.0cm。

（3）腰头：经纱偏斜不大于0.3cm，条格面料不允许偏斜。

（4）条格面料纬斜不大于2%。

2．对条、对格要求（面料明显的条格，在1.0cm以上适用）

西裤对条、对格规定见表3-3。

表3-3　西裤对条、对格规定

序号	部位名称	对条、对格规定
1	裤侧缝	侧缝袋口下10cm处，格料对横，互差不大于0.2cm
2	后裆缝	格料对横，互差不大于0.3cm
3	袋盖与大身	条格对条，格料对横，互差不大于0.2cm

3．拼接要求

腰头面、里允许拼接一处，男裤接缝在后中缝处，女裤（裙）接缝在后中缝或者侧缝处（弧形腰头除外）。

4．缝制要求

（1）常规男西裤针迹密度要求（表3-4）。

表3-4　常规男西裤针迹密度要求

序号	项目	针迹密度	备注
1	明线、暗线	11～14针/（3cm）	—
2	包缝线	不少于10针/（3cm）	—
3	手工线	不少于7针/（3cm）	—

续表

序号	项目		针迹密度	备注
4	三角针	腰口	不少于 9 针 /（3 cm）	以单面计算
		脚口	不少于 6 针 /（3 cm）	
5	锁眼	细线	11 ～ 14 针 /（1 cm）	—
		粗线	不少于 9 针 /cm	—
6	钉扣	细线	每孔不少于 8 根线	缠脚线高度与止口厚度相适应
		粗线	每孔不少于 4 根线	

（2）各部位线迹顺直、整齐、结实无连根线头，拉链平服。

（3）上下线松紧得当，无跳线、浮线、断线，起始打倒回针，底线不外露。

（4）侧缝袋口下端打结处以上 5 cm 到以下 10 cm 之间，下裆缝上 1/2 处，后裆缝、小裆缝缉两道线，或者用链式线迹打结。

（5）口袋的垫带布要折光或者包缝。

（6）袋口两端封口应整洁、牢固。

（7）锁眼定位准确，扣子与纽眼对位整齐牢固。纽脚高低适宜，线结不外露。

（8）商标、标识唛头位置准确，表面清晰准确。

（9）明线和链式线迹不允许跳针，明线不可以接线，其他缝纫线迹在 30 cm 内不得有两处跳针，不得脱线。

5．外观质量要求（图 3-38）

（1）整洁平挺，规格准确，误差在允许范围内。

图 3-38　男西裤

（2）衬平服，松紧适宜。

（3）襻：面、里、衬平服，松紧适宜。门襻不短于里襻，长短互差不大于 0.3 cm。

（4）后裆：圆顺平服，裆底十字缝互差不大于 0.2 cm。

（5）裤带襻：长短宽窄一致，位置准确，前后互差不大于 0.4 cm，高低互差不大于 0.2 cm。

（6）口袋：左右口袋高低一致，互差不大于 0.5 cm，袋口顺直平服，袋布缝制牢固。

（7）裤腿：两裤腿长短、肥瘦互差不大于 0.3 cm。

（8）脚口：左右脚口大小互差不大于 0.3 cm，吊脚不大于 0.5 cm，脚口边缘顺直平服。

（四）裤子口袋的制作方法

裤子口袋的表现形式很多，大致可以分为开袋、插袋、贴袋三种类型。开袋分为单嵌线、双嵌线；插袋分为直插和斜插；贴袋分为明贴袋和暗贴袋。工艺形式如下：

（1）直插袋：西裤有时也会做成直袋口形式，又称直插袋，女裤中也很常见。一般上袋角距离腰口线 3 cm 左右，袋口大小为 15 cm。款式如图 3-39 所示。

直插袋制作方法如下：

图 3-39　直插袋款式图

①合侧缝：将前后片正面相对，后片在下，缉合侧缝，但要把直插袋的位置留下不缝。缝时两端都要打倒回针加固，再劈缝烫平整，如图 3-40 所示。

②装上袋布：将上袋布正面与前片侧缝缝份正面相对，以 0.8 cm 缉合，缝份都倒向袋布，在袋布正面上压缉 0.1 cm 明线。再翻到裤片正面，在袋口止口处缉缝 0.5 cm 明线，如图 3-41 所示。

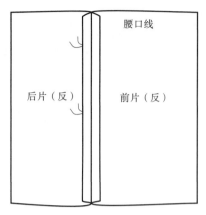
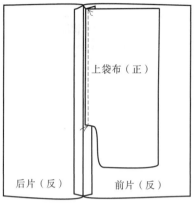

图 3-40　合侧缝　　　　　　　　　　　　　　　图 3-41　装上袋布

③ 装下袋布：先将垫袋缉缝到下袋布的正面相应位置，再将下袋布正面与后片侧缝缝份面相对，以 0.8 cm 缝合，缝份倒向裤片，如图 3-42 所示。

④ 合缉袋布：将上下袋布合缉一圈，注意在下袋角处尽量靠近袋角打倒针加固。袋布的毛边可以做包缝或者滚边处理，如图 3-43 所示。

⑤ 封袋口：在前片正面的上下袋角处打套结，以使袋角加固，如图 3-44 所示。

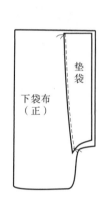
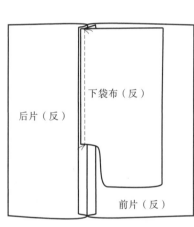
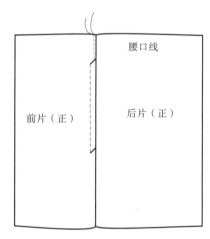

图 3-42　装下袋布　　　　　　　　　　　　　　图 3-43　合缉袋布

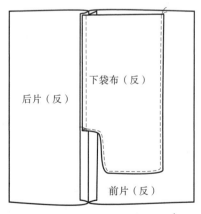

图 3-44　封袋口

视频：直插袋制作

（2）弧形前袋的制作。

弧形袋口的口袋常用于紧身裤型中，牛仔裤的月亮型开袋也是弧形袋，款式如图 3-45 所示。口袋里面经常会有另一个小型表袋。

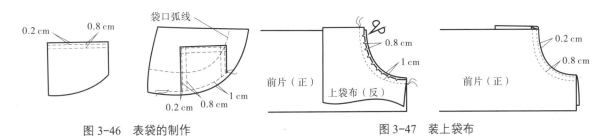

图 3-45　弧形袋款式图

① 表袋制作方法：

表袋的位置刚好在垫袋布上。如图 3-46 所示，先将表袋上口折光扣转，沿袋口明缉 0.2 cm、0.8 cm 双止口。再将其外侧、内侧的毛边扣转，将上口对准垫袋布上表袋位置、下口对齐垫袋圆弧，沿外侧、内侧折光边压缉 0.2 cm、0.8 cm 双止口，然后沿下口圆弧边以 1 cm 缝份合缉并锁边。

② 弧形袋口前袋的制作：

a. 装上袋布：如图 3-47 所示，将上层袋布置于前裤片之上，沿袋口弧形缉缝 1 cm 止口，两端倒针加固。注意缉缝时不可将袋布口圆弧处拉伸或聚缩，以免袋口不平服。在缝份处均匀打几个剪口，间距约为 0.8 cm，不可将缝线剪断。将上袋布折转，翻入前片内，沿袋口明缉 0.2 cm、0.8 cm 双止口，注意里外容，不要让袋布露出来。

图 3-46　表袋的制作　　　　　　　　　图 3-47　装上袋布

b. 装下袋布：将已经装好表袋的垫袋布按照设计的位置固定于下袋布的正面，沿垫袋布的锁边线以 0.5 cm 缝份缉缝，如图 3-48（a）所示。沿袋布袋底缉合袋布，将袋底锁边，如图 3-48（b）所示。

c. 定前袋：摆正前片与袋布，沿侧缝将前片与袋布车缝固定，无须倒针，即 a 线；在 b 处打套结加固，如图 3-49 所示，完成后如图 3-50 所示。

视频：弧形袋制作

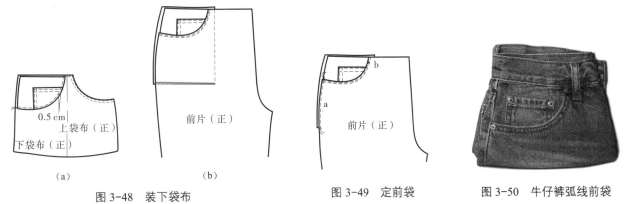

　（a）　　　　　　　　　　（b）　　　　　　图 3-49　定前袋　　　　图 3-50　牛仔裤弧线前袋

图 3-48　装下袋布

（a）固定垫袋布；（b）袋底锁边

（3）牛仔裤后贴袋的制作。后贴袋是牛仔裤的典型特征，上面装饰大量的明线、图案，袋口处经常缝结或者用铆钉固定，款式如图3-51所示。

图3-51　后贴袋款式图

① 画净样线：用漏板在后袋反面印出后袋的净样线，在正面印出装饰缉缝线迹纹样，装饰线形状根据款式灵活设计，并在正面缉缝出，如图3-52所示。

② 袋口锁边卷缝、缉缝袋口明线：先将袋口锁边，如图3-53（a）所示，然后折向反面，如图3-53（b）所示，最后按照尺寸在正面缉缝0.2 cm、0.6 cm二道明线，如图3-53（c）所示。

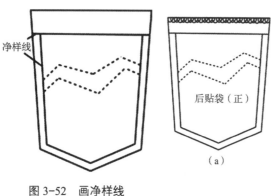

图3-52　画净样线

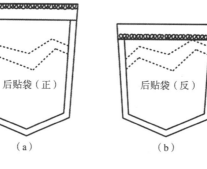

图3-53　做后袋
（a）锁边；（b）反折；（c）缉缝明线

③ 扣烫后袋：将袋板放在袋片反面的净线上，用熨斗将缝份向反面依次扣烫，如图3-54所示。

④ 绱后贴袋：先在后片上定出袋片的准确位置，注意左右对称一致。将袋片按袋位扣缝，缉缝两道明线，缝线上宽下窄，缝右后袋时将标签按位置夹缝，如图3-55所示。完成后如图3-56所示。

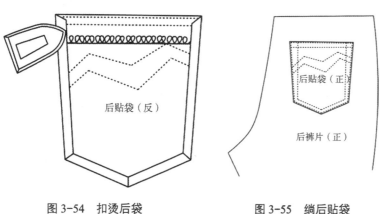

图3-54　扣烫后袋　　　　　图3-55　绱后贴袋

图3-56　牛仔裤后贴袋

（4）单嵌线开袋。单嵌线开袋也叫单牙袋，在休闲裤、女装、风衣、大衣中经常使用，款式如图3-57所示。

① 用料准备：嵌线，一般使用经纱或者斜纱，在嵌线反面粘上薄无纺衬，做好实际口袋的位置，嵌线、垫袋、袋布规格如图3-58所示，单牙袋若为斜向、袋布、嵌线，则根据实际需要倾斜。

图3-57　单牙袋款式图

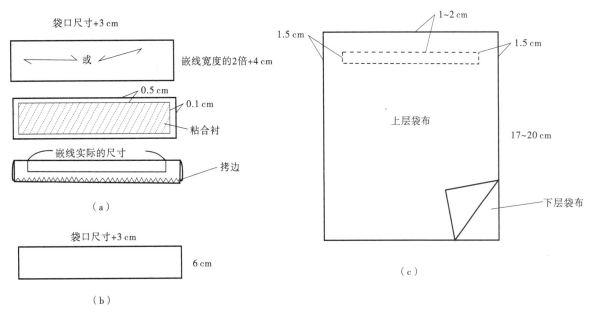

图 3-58　用料准备图

（a）嵌线规格；（b）垫袋规格；（c）袋布规格

② 固定上层袋布：将 1 cm 无纺衬车缝到上层袋布，用熨斗粘到裤片反面袋口位置，如图 3-59 所示，也可用手针固定。

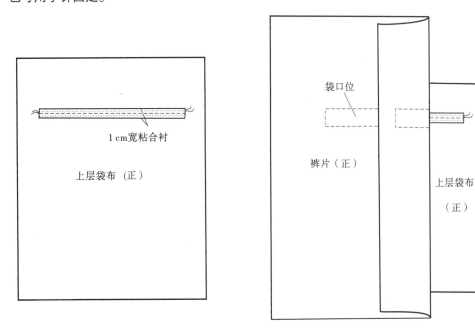

图 3-59　固定上层袋布

③ 固定嵌线和垫袋：将嵌线按袋口位置放好，缉缝固定，两端倒针扎牢。垫袋相对放好，缉线固定，二道线间距保证为单嵌线袋的宽度，如图 3-60 所示。

④ 开三角：嵌线和垫袋间开三角，方法如双牙袋制作方法，如图 3-61 所示。将垫袋、嵌线等翻到裤片的反面，整齐熨烫嵌线和垫袋间的缝合线，整理嵌线的宽度，保证宽窄一致，袋角方正。

⑤ 固定嵌线于上层袋布上：如图 3-62 所示，先缉缝袋口下明线，线迹起止打倒回针；嵌线下端固定在上层袋布上。

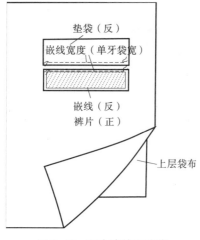

图 3-60　固定嵌线和垫袋

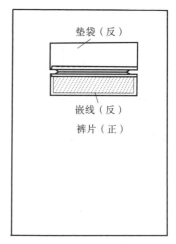

图 3-61　开三角

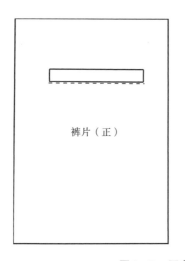

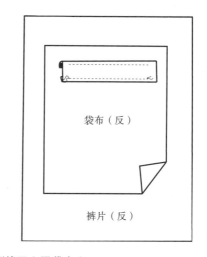

视频：单牙袋制作

图 3-62　固定嵌线于上层袋布上

⑥固定垫袋与三角：缝份劈开烫平，将垫袋下端缝头折转，固定在下层袋布上，如图 3-63 所示，三角沿袋口固定在垫袋上。

⑦袋口缉明线和固定袋布：缉缝袋口上明线，如图 3-64（a）所示，翻至裤片反面，将上下层袋布车缝固定，如图 3-64（b）所示，完成后如图 3-65 所示。

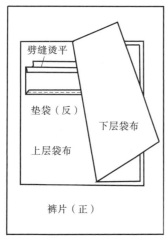

图 3-63　固定垫袋与三角

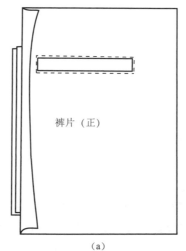

（a）

（b）

图 3-64　袋口缉明线和固定袋布

（a）袋口缉明线；（b）固定袋布

（a）　　　　（b）　　　　（c）

图 3-65　斜插袋与单牙袋

（a）、（b）斜插袋；（c）单牙袋

思考与训练

1. 西裤一般使用什么面料？

2. 男西裤配膝盖绸的目的是什么？

3. 男西裤的工艺流程是什么？

4. 部件制作训练：斜插袋（规格 21 cm）、双嵌线开袋（长 14 cm，宽 1 cm）、做门里襟、装拉链，经过多次训练达到质量要求。

5. 牛仔裤与西裤在制版、用料、制作方面有哪些不同？

6. 独立完成西裤的制作。

在线检测

拓展阅读

一、短裤

1. 细节特征

返折脚口，斜插袋垫袋与返折布均为异色装饰布，袋口有装饰，款式如图 3-66 所示。

2. 工艺分析与制作方法

本款式与常规斜插袋的区别在于垫袋换成异色面料。

图 3-66　返折脚口短裤

（1）斜插袋的垫袋布换成异色装饰布，如图 3-67 所示。

（2）返折布换成装饰布，返折脚口裁剪如图 3-68 所示，后片相同处理。

（3）制作时将前后片先按折边线扣折，然后正面相对按缝份缉缝，如图 3-69 所示，最后翻至正面即可。

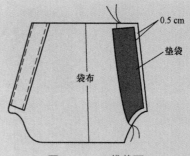

图 3-67　口袋裁配

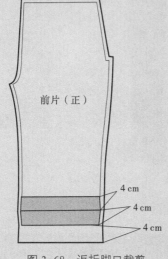

图 3-68　返折脚口裁剪

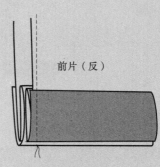

图 3-69　返折边制作

二、蕾丝花边牛仔短裤

1. 细节特征

在底边缉缝明线时夹进蕾丝，形成质感上的对比，整体造型更为女性化和时尚感，如图 3-70 所示。

2. 工艺分析与制作方法

先考虑将蕾丝花边夹进底边，再正常返折即可，如图 3-71（a）所示。

（1）按牛仔裤底摆放缝份 1.5 ～ 2 cm，拷边后合前后片的侧缝和内侧缝。

（2）缉缝脚口明线同时，将蕾丝花边夹缉车缝一道，制成后翻卷脚口即可，如图 3-71（b）所示，后片同样处理。

图 3-70　牛仔短裤款式图

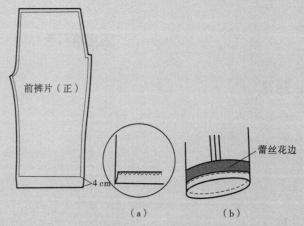

图 3-71　脚口制作

（a）夹蕾丝；（b）车缝，卷脚口

三、牛仔裤分割后贴袋

1. 细节特征

贴袋中分成两片，明线装饰，款式如图3-72所示。

2. 工艺分析与制作方法

进行斜线分割，并在分割中融入省道，收省，缉缝明线。

（1）裁剪口袋：按照款式在口袋上设计分割线，下部分加放出省位，如图3-73所示。

（2）收省：翻至正面缉缝明线，注意下端多跑几针，不可倒针，如图3-74所示。

（3）装贴袋：拼合贴袋的上下两部分，倒缝缉缝上明线，按贴袋方法将口袋固定在裤片上（裤片的袋位先用漏板透出），缉缝双明线，如图3-75所示，注意左右对称一致。

图3-72 分割后贴袋款式图

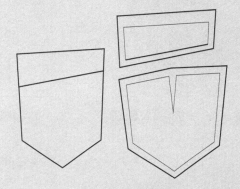

图3-73 裁剪口袋

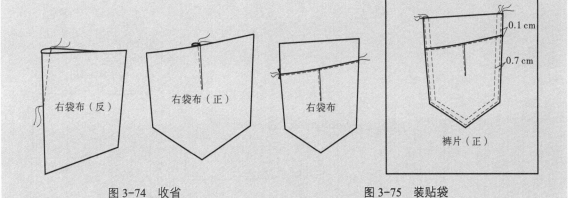

图3-74 收省　　　　　　　　图3-75 装贴袋

四、休闲运动短裤

1. 细节特征

带袋盖和褶裥明贴袋，又称盖贴袋，袋口由子母扣固定，体现出休闲裤的随意与功能性，如图3-76所示。

2. 工艺分析与制作方法

贴袋的特点在于袋盖以及褶裥型口袋的制作。袋盖按照形状设计，褶裥袋身在常规尺寸下加入褶裥量。

（1）袋盖、袋身裁片：袋盖面比里大出0.2 cm的里外容量，如图3-77所示。

（2）做袋盖：先将袋盖里上固定字母扣，再将面里缝份沿边对齐，保持里外容，勾缝袋盖除上口外三周，起止倒回针，并将缝份修成 0.3～0.4 cm，翻至正面熨平，保证里外容量，在正面缉缝 0.5 cm 的明线，如图 3-78 所示。

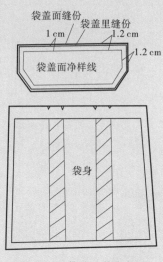

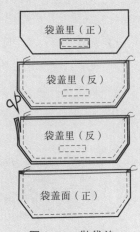

图 3-76　褶裥明贴袋款式图　　　图 3-77　袋盖、袋身裁片　　　图 3-78　做袋盖

（3）做袋身：先将上口的缝份拷边，按照款式要求做出褶裥，图 3-78 所示为上口缝份缉缝明线，如图 3-79 所示。

（4）压袋盖明线：将袋盖反面向上放在标记位置，缝份 1 cm，缝份修成 0.4 cm，在正面压缉 0.6 cm 的明线，如图 3-80 所示。

（5）装贴袋：袋身按照贴袋的制作方法，三周按 0.5 cm 的缝份固定，倒针回牢，如图 3-81 所示。

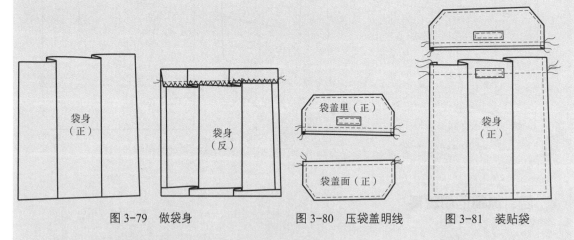

图 3-79　做袋身　　　　　图 3-80　压袋盖明线　　　　　图 3-81　装贴袋

五、牛仔拉链开袋

1. 细节特征

在牛仔裤中使用金属元素，使整体造型更富有变化，款式如图 3-82 所示。

2. 工艺分析与制作方法

牛仔拉链开袋属于挖袋类型，又称链挖袋。利用双开线挖袋方法，利用袋牙的翻折将拉链夹缉缝上，为保持开口的牢度，四周缝明线，剪口处打套结，位置可以按照款式和功能特征灵活制定，注意拉链挖袋的尺寸比袋口尺寸稍短 0.5 cm。

（1）袋布裁剪：根据袋口规格裁制上下两层袋布，如图 3-83 所示。

（2）缝袋口、开三角：将上层袋布按袋位固定在裤片上，袋口部分缝呈长方形，再加剪口，注意开剪时三角不剪毛剪断，从剪口中把上层袋布向里侧拉出，将袋口、袋牙整理平服，如图 3-84 所示。

（3）装拉链：从开口里侧贴上拉链，从表面车缝固定拉链下端，如图 3-85 所示。

（4）合袋布：对正下层袋布，从表面车缝固定住拉链上端，如图 3-86 所示，最后缝合上下层袋布，并将双层一起拷边。

图 3-82   牛仔拉链开袋款式图

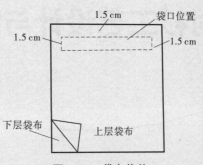

图 3-83   袋布裁剪

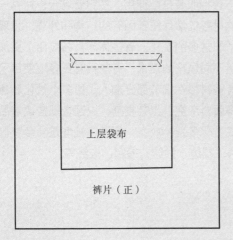

图 3-84   缝袋口、开三角

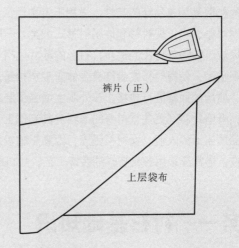

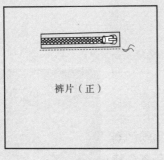

图 3-85   装拉链

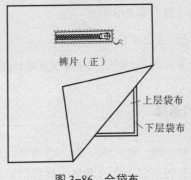

图 3-86   合袋布

✂ 项目四
衬衫工艺设计与制作

衬衫以其简单易穿的特性，适用于多种场合，并可与各种服装搭配穿用。按穿着场合，衬衫一般分为正规衬衫、半正规衬衫和休闲衬衫三大类。一些传统的衬衫仍然保留着固有的结构和外观，呈现出经典的风貌。但随着时代的进步，衬衫的款式风格等也有了非常多的变化。有些休闲衬衫应用了更加多变的外观造型，使得衬衫或者修身合体或者宽松超大，满足不同风格的需求；有些衬衫更多地使用了不同花色、质地的面料进行拼接，在外观上增强了层次感；有些衬衫在细节部分加入了更多个性化和趣味性设计；有些衬衫则更注重自身的面料及其制作工艺，使得面料考究、工艺复杂，以迎合那些追求品位和讲究品质生活的人们。女衬衫受流行因素影响较大，款式变化多端，衣身、领型、袖型是女装变化的核心所在，通常还采用各种各样的装饰工艺，如机绣、手绣、花边、抽纱、缩褶、嵌线等。

任务一　衬衫基础知识

学习目标　了解衬衫常用面料、穿着礼仪和常用加放量。

知识要点　面料选择和加放量确定。

技能要点　衬衫加放量的确定。

素质要点　具有良好的审美意识，正确的艺术观和价值观，树立热爱行业、积极进取的职业精神。

一、衬衫面料的选择

衬衫面料以轻、薄、软、爽、挺、透气性好为理想，好面料的判定标准重点在于穿着寿命、洗涤寿命、目测观感、穿着肤感等各种特性表现（图4-1）。

图4-1　素色男衬衫

1．常规面料

（1）纯棉面料：纯棉面料的衬衫穿着舒适，柔软，吸汗，但极易皱，易变形，易染色或者变色。一件高品质的衬衫往往是纯棉面料的。

（2）混纺面料：这种面料是棉和化纤按照一定比例混合纺织而成的。这种面料既吸收了棉和化纤各自的优点，又尽可能地避免了它们各自的缺点。普通衬衫大部分采用这种面料，易打理，不易变形，不易皱，不易染色或变色。例如，按照棉和涤纶的比例不同，特点向纯棉或者纯涤纶偏移；按照棉和氨纶的比例不同，会得到不同程度的弹性，也被相应地应用于不同的衬衫。

（3）化纤面料：利用高分子化合物为原料制作而成的。其优点是色彩鲜艳，质地挺括、爽滑，水洗不易变形。其缺点则是耐热性、吸湿性、透气性较差，遇热容易变形，容易产生静电。

（4）亚麻面料：亚麻面料制作的衬衫，穿着舒适，柔软，吸汗，却极易皱，易变形，易染色或者变色。亚麻天然具有透气性、吸湿性和清爽性，常温下能使人体室感温度下降4℃～8℃，被称为天然空调。

（5）羊毛：由纯羊毛精纺而得的面料具有厚实、保暖的触感，视觉效果好；但是易皱，易变形，易虫蛀，易缩水。纺织用毛料纤维主要是羊毛，含毛面料的护理比亚麻和纯棉更麻烦一些。

（6）真丝面料：真丝，属于蛋白质纤维；真丝面料一般指蚕丝，主要包括桑蚕丝、柞蚕丝等织物。真丝被称为纤维皇后，是全球公认最华贵的衬衫面料，吸汗、滑爽，光泽好，抗紫外线；丝素中含有18种对人体有益的氨基酸，可以帮助皮肤维持表面脂膜的新陈代谢，使皮肤保持滋润、光滑。真丝面料由于打理保养比较烦琐，因此体现出"贵族"的特性。

2．新型面料

除了常规面料，随着科技的进步，许多经过特殊处理的新型面料越来越多地被使用，这些面料极大地提高了衬衫的穿用性能。衬衫面料的处理方法主要有以下几类：

（1）丝光处理：它是棉纱和棉布的典型处理工艺，在氢氧化钠溶液中进行。它能缩短纤维长度使其体积膨胀而呈半透明状，强度也会增加。经过丝光处理的面料，光泽度更高，染色效果更好，也更耐磨。

（2）免烫处理：全棉免熨技术堪称21世纪的高新技术，主要分为液氨整理和树脂整理两种工艺实现过程。棉纤维经过免烫处理，制成服装后可以在洗涤后免熨烫而不起皱，即赋予衬衫平整、保型、耐洗而不皱的特性，提高了衬衫的档次与附加值。另外，免熨整理属于化学处理，往往会改变纯棉面料的弹性和亲肤感极佳的特性，触摸手感接近于化纤面料。

（3）磨毛处理：改善织物的风格和手感，使其更加丰满和柔顺，穿着更加舒适。

（4）抗污处理：采用最新等离子体表面处理技术，对棉、化纤等各类纺织品进行拒水抗污处理。一般情况下，以接触角90°为界将固体表面分为亲水和疏水表面。棉织物表面对水的接触角在150°以上具有超级拒水抗污特性，能有效隔离污渍，而且基本上不改变织物原有的色泽、透气性、柔软性、手感、吸湿性等，是一种实用新颖的织物后处理技术。

二、衬衫的穿着礼仪

衬衫是一种可以穿在内、外上衣之间，或可单独穿用的上衣。

穿着男士正装衬衫时除了要把握TPO（时间、地点、场合）原则外，还要注重对细节的把握。配穿西装时，如果双手自然下垂，衬衫袖子要比西装袖子长出1～1.5 cm，衬衫领应高出西装外套领子1～1.5 cm，这样在保持西装袖口和领口清洁的同时，更能体现出着装层次；衬衫的下摆应当放在裤腰之内，以显得自信和精神。配穿西装而不打领带时，需要注意衬衫领口处的第一颗纽扣不能扣上，而衬衫门襟上的其他纽扣必须全部扣上。

三、衬衫的常用加放量

衬衫的规格设计重点在于胸围和肩宽，从而决定了其合体程度和成衣风格。穿用时以肩部作为主要支撑部位，肩宽的规格超出人体净肩宽尺寸时，成衣肩部就会自然下落，成为落肩型服装。

衬衫常用加放量参考表见表 4-1。

表 4-1　衬衫常用加放量参考表　　　　　　　单位：cm

类型 \ 部位	胸围		肩宽
	男衬衫	女衬衫	
合体型	10 ~ 14	6 ~ 10	0
一般型	14 ~ 18	10 ~ 14	0 ~ 4
宽松型	18 ~ 22	14 ~ 18	4 ~ 8
特别宽松型	≥ 22	≥ 18	≥ 6

任务二　男衬衫制作工艺

学习目标　掌握男衬衫制版、制作知识和相关技能（规格设计、制图、放缝份、排料、制作）。

知识要点　规格设计、制版、排料划样、制作方法与工序和质量标准。

技能要点　装胸袋、做袖衩、做过肩、做袖头、做袖、装袖、做领、装领、做底摆相关工艺要领与技巧。

素质要点　工作中严谨细致，认真负责，培养不断进取的职业精神、精益求精的工匠精神。

一、男衬衫纸样设计与裁剪

1．款式说明

本款男衬衫属于宽松类型，可内穿也可外穿，胸围加放量为 20 cm 左右；左前身装胸贴袋一个，前襟七粒扣，第一个和最下方的扣眼为横向，其他扣眼为竖向；小方角翻立领；装后过肩，后片中间明褶裥一个；直摆缝，平下摆；装一片袖，袖口开衩，并装宝剑头袖衩，袖口两个裥，装圆头袖克夫。其款式如图 4-2 所示。

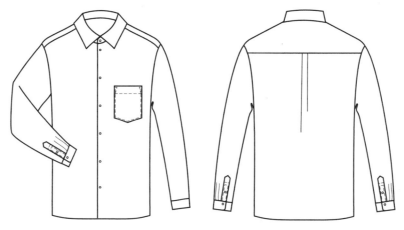

图 4-2　男衬衫款式

2．男衬衫的规格设计与样板制作

（1）男衬衫结构工艺选用号型：170/88A。

（2）男衬衫尺寸数据见表 4-2，男衬衫结构设计如图 4-3 所示。

表 4-2　男衬衫尺寸数据　　　　　　　　　　　　　　单位：cm

部位	规格	设计依据
衣长	72	0.42 ~ 0.45 号
胸围	110	净胸围 +22
肩宽	46	净肩宽 +6
领大	39	0.44 ~ 0.45 型
袖长	60	0.35 号
袖口围	24	0.27 ~ 0.3 型

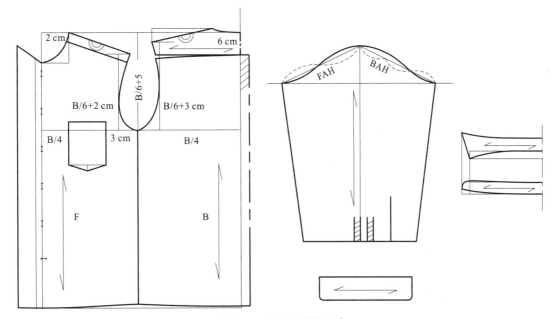

图 4-3　男衬衫结构设计

（3）将男衬衫样板制成工艺样板，各部位按照以下方法添加缝份。

胸袋上口加 4 cm，下摆加 2.5 cm，贴边不加，其他各处加 1 cm，如图 4-4 所示。

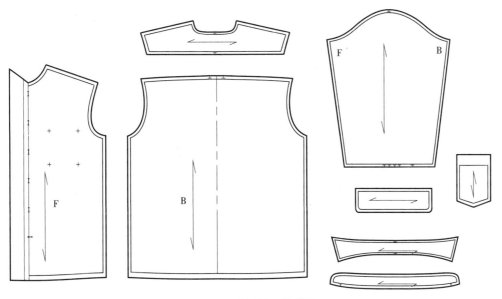

图 4-4　男衬衫工艺样板

3．男衬衫用料计算与排料

（1）用料计算。夏季服装所应用的面料幅宽较小，常用面料幅宽为110 cm，采用单层排料。用料长度为2倍衣长＋袖长。

（2）男衬衫排料如图4-5所示。

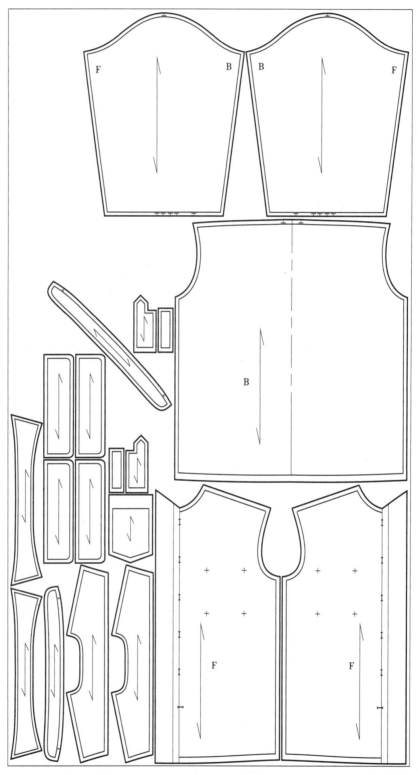

图 4-5　男衬衫排料

二、男衬衫工艺设计与制作

（一）缝制工艺流程

男衬衫的缝制工艺流程如图 4-6 所示。

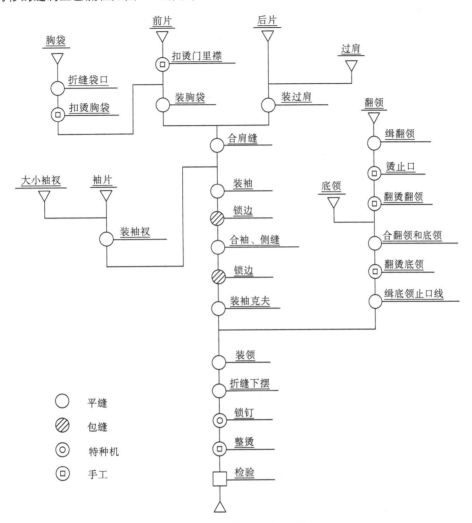

图 4-6　男衬衫的缝制工艺流程

（二）缝制工艺

1．部件裁剪

（1）面料：前片 2 片，后片 1 片，过肩 2 片，贴袋 1 片，袖片 2 片，袖克夫面、里各 2 片，宝剑头袖衩大小各 2 片，翻领面、里各 1 片，底领面、里各 1 片。

（2）衬料：领衬用于翻领面、底领里及袖克夫面；大小袖衩及门里襟贴边使用无纺衬。

（3）辅料：插角片 2 片，纽扣 14 粒。

2．做缝制标记

在以下部位打剪口或打线钉：

前片：过面宽位、胸袋位、底边贴边宽。

后片：裥位、后背中心。

袖片：对肩缝点、袖口裥位。

过肩面：后领窝中点、后背中点。

底领面：上下口中点、翻领起点、对肩缝点。

3. 粘衬

按翻领、底领及袖克夫的净样裁剪专用领衬。但翻领、底领部分所用领衬宜使用斜纱方向。如图 4-7 所示，将领面及袖克夫面分别与粘合衬正确放置，通过粘合机将衬粘实。门里襟过面及大小袖衩粘贴无纺衬。

4. 扣烫门里襟

如图 4-8 所示，沿止口线扣烫门里襟的贴边，这种贴边与大身相连的门里襟形式称为连门襟。

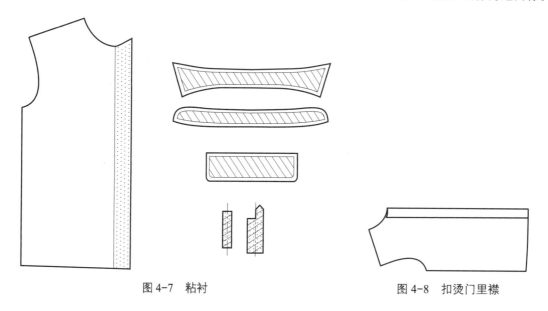

图 4-7　粘衬　　　　　　　　　　　　　图 4-8　扣烫门里襟

5. 装胸袋

（1）折缝袋口：如图 4-9 所示，将袋口贴边的 1 cm 缝份扣烫，再沿袋口净样将贴边扣烫，注意袋口要烫得平直，然后沿折边车缉 0.1 cm 明线。

（2）扣烫胸袋：将胸袋其他三边的缝份按照净样扣烫，如图 4-10 所示。

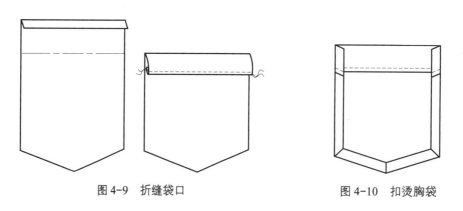

图 4-9　折缝袋口　　　　　　　　　　图 4-10　扣烫胸袋

（3）装胸袋：把胸袋置于左前片的正确位置，从左侧起针，封袋口为直角三角形，最宽处为 0.5 cm，下口尖形，长度以贴边宽为准，左右封口大小相等，其他各处为 0.1 cm 明线，车缝时，宜把衣片稍微拉紧些，防止衣片起皱，如图 4-11（a）所示。封袋口处也可采用 U 形平行线，如图 4-11（b）所示。

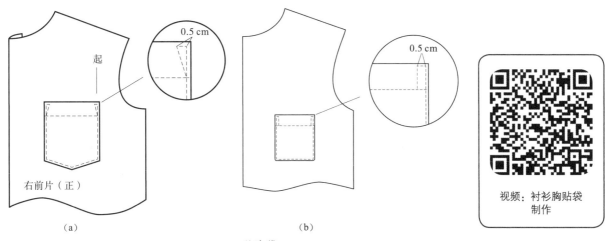

图 4-11　装胸袋

（a）封袋口为直角三角形；（b）封袋口为U形平行线

6．做后片明褶裥

将后片反面朝里，沿后中心线对折，不可歪斜，对准褶裥标记，平行于后中线，车缉 5 cm，两端打倒针加固，如图 4-12 所示。再将褶裥量向两侧平均分开，烫平烫实，可烫至后片长度约 1/4 处。注意褶裥量的分配要均匀，褶裥边要烫得平直。

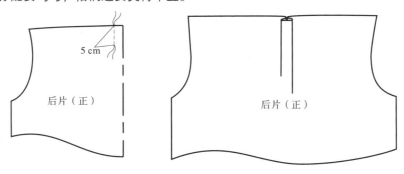

图 4-12　做后片明褶裥

7．装过肩

（1）装过肩：过肩里正面向上置于底层，后片正面向上置于中层，过肩面反面向上置于上层，三层平齐，以 1 cm 缉线。注意后背中心对位点对齐，如图 4-13 所示。

（2）烫过肩：将过肩面翻正、烫平，再将过肩里翻正、烫平。按照过肩面修剪领窝，并做好领窝中心标记，如图 4-14 所示。

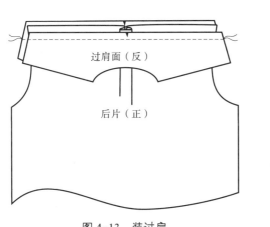

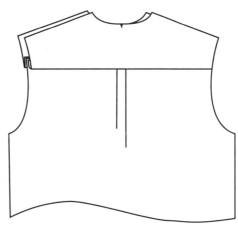

图 4-13　装过肩　　　　　　　　　　　图 4-14　烫过肩

8．合肩缝

（1）烫过肩面肩缝：将过肩面肩缝的缝份扣净，因为肩缝处是斜纱，注意熨烫时不要压推熨斗，不要拉还肩缝，如图 4-15 所示。

（2）缉肩缝：将后身置于下层，过肩里与前片的肩缝对齐，领口处取齐，车缉缝合。肩缝不可拉还，如图 4-16 所示。

（3）压肩缝：肩缝都倒向过肩，过肩面盖过过肩缝缉线，领口平齐，压缉明线 0.1 cm。注意不可将过肩里缉牢，离开不能超过 0.3 cm，过肩面、里要平服，如图 4-17 所示。

此外，也可用下面的方法合肩缝。把前片置于中间层，正面与过肩面正面相对，反面与过肩里正面相对，肩缝放齐，领口处平齐，从领窝内将三层拉出，以 1 cm 缉合，这样形成暗缉线，在正面没有明线。

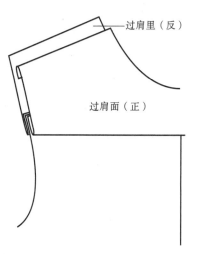

图 4-15　烫过肩面肩缝

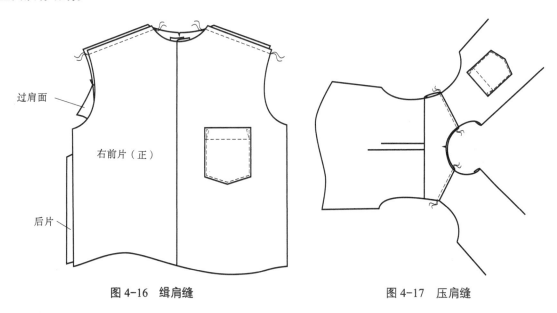

图 4-16　缉肩缝　　　　　　　　图 4-17　压肩缝

9．装袖衩

在男衬衫里，经常使用的袖衩形式是宝剑头袖衩，其做法如下：

（1）扣烫袖衩：除底边之外，将袖衩的所有缝份扣净，并使大小袖衩的衩里比衩面都略宽出 0.05 ~ 0.1 cm，如图 4-18 所示。

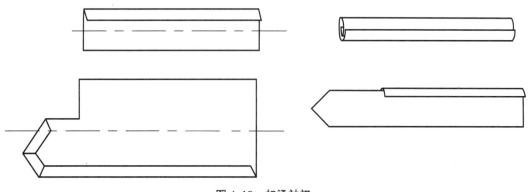

图 4-18　扣烫袖衩

（2）装小袖衩：里襟袖衩。先按照袖衩的净长度在袖片的正确位置开剪，并在顶端向左右打斜三角形，宽度为 0.5 cm，再用夹缉法将小袖衩装在靠近后袖缝一侧，如图 4-19 所示。

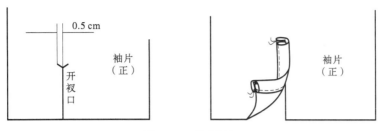

图 4-19　装小袖衩

（3）装大袖衩：门襟袖衩，方法同上。将大袖衩装于另一侧，装袖衩与封袖衩由一道缝线连续完成。在反面，袖被开口顶端的三角形要向里折净，不留毛边；封袖衩的两道线在此要缉住三角形，分别为 0.1 cm 和 0.6 cm 两道明线，如图 4-20 所示。

（4）固定袖口褶裥：袖口一个裥，在袖片反面将裥向后袖缝方向折叠，缉线固定，如图 4-21 所示。

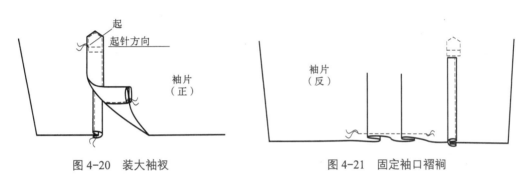

图 4-20　装大袖衩　　　　　　　　图 4-21　固定袖口褶裥

10. 做袖克夫

（1）缉克夫面：如图 4-22（a）所示，将克夫面上口缝份折净，沿上口缉 1 cm 明线，折边要均匀平整。

（2）缉克夫：如图 4-22（b）所示，将袖克夫面与夹里正面相对，克夫夹里上口向上翻折，包住克夫面，然后沿克夫净样缉合外沿。两端打倒针加固。

（3）翻烫克夫：如图 4-22（c）所示，将克夫止口修剪至 0.4 cm，再将克夫翻出正面，熨烫平整。注意要将止口翻足，里外容正确，两边对称。

（4）缉克夫面线：如图 4-22（d）所示，沿克夫止口（除上口外）缉 0.5 cm 明线，注意起止点都要离开克夫上口 1 cm。缉线要均匀，两端倒针加固。

视频：衬衫袖制作

11. 装袖

将袖子置于下层，大身放上层，正面相对，袖子与袖窿对齐，缉线 1 cm。袖山的吃量很小，在 2 cm 以下，吃势分布要合理。双层一起锁边，如图 4-23 所示。

12. 合袖、侧缝

如图 4-23 所示，缝合袖缝与侧缝，并锁边。袖窿底的十字要对正。

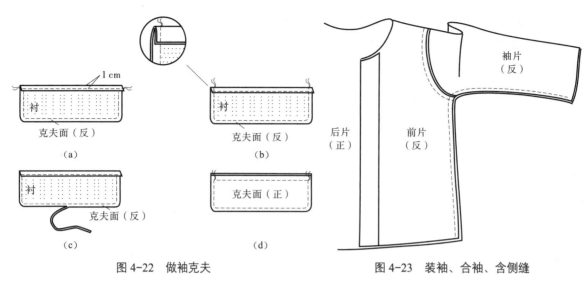

图 4-22　做袖克夫

克夫面（反）

（a）　（b）　（c）　（d）

后片（正）　前片（反）　袖片（反）

图 4-23　装袖、合袖、含侧缝

（a）缉克夫面；（b）缉克夫；（c）翻烫克夫；（d）缉克夫面线

13．装袖克夫

用装袖衩的夹缉法装袖克夫，将袖口缝份塞入袖克夫，两端要塞足，塞平、克夫止口缉 0.1 cm 明线。直袖衩的门襟要折转，里襟放平，而宝剑头袖衩的大小袖衩都放平。袖褶裥向后折转，袖缝也向后坐倒。袖克夫其余三边缉 0.1 cm 明线，如图 4-24 所示。完成后的克夫里面缝线要均匀，袖缝长度、袖衩开口的大小及袖衩门里襟的长度要相等。

14．做翻领

（1）做翻领：翻领里放在下层，正面向上，领面正面与之叠合。沿领衬并离开领衬 0.1 cm 缉线，缝合时必须将领里拉紧，领面略松，使其产生里外容，领角部位有里外容窝势。如果是条格西服，左右领角的条格要对称，如图 4-25 所示。

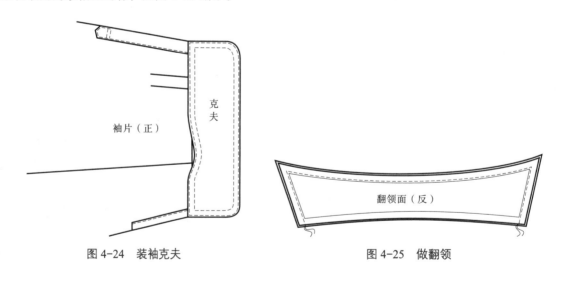

袖片（正）　克夫

图 4-24　装袖克夫

翻领面（反）

图 4-25　做翻领

（2）烫翻领止口：将缝份修剪整齐，领角处缝份保留 0.2 cm。将各边缝份向领衬方向折转，扣烫缝份，如图 4-26 所示。注意止口的里外容。

（3）翻烫翻领：将翻领翻到正面，领角处可借助锥子将其翻足、翻尖，但注意不要损坏面料。将领里向上，从两头烫，烫平、烫煞。领衬要衬足，不虚空，领里不倒吐，两领角要对称，如图 4-27 所示。

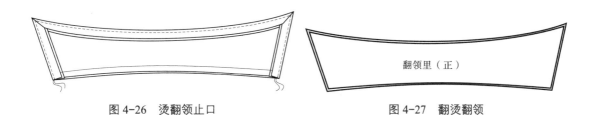

图 4-26　烫翻领止口　　　　　　　　　　　图 4-27　翻烫翻领

（4）缉翻领止口明线：根据款式的变化，翻领止口明线有 0.1 cm 和 0.5 cm 两种宽度。为了保持领角的挺括，可先在两领角处分别斜向置入一枚插片，缉明线时即可缉牢固定。在正面缉止口明线，要将领面略向前送，防止领面起涟形，并注意止口不要反吐，如图 4-28 所示。

图 4-28　缉翻领止口明线

（5）修翻领下口：将翻领下口缝份保留 0.8 cm，修剪整齐。将翻领里的缝份再剔除 0.1 cm，使之略短于翻领面，便于形成其窝势。在领下口中间打剪口做出对位标记。

15．做底领

（1）扣烫底领：先将底领里下口 0.8 cm 的缝份沿领衬包转包紧，并扣烫，然后正面向上，缉 0.6 cm 明线，领上口处做好中点及装翻领位置的剪口，如图 4-29 所示。

（2）缝合翻领和底领：将底领的面和里正面相对，在中间夹入翻领，沿底领衬边缘缉线。缉线时要将翻领的上下两层缝份摆整齐，且底领在肩缝处要略拔长一点，如图 4-30 所示。

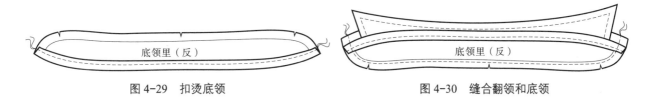

图 4-29　扣烫底领　　　　　　　　　　　图 4-30　缝合翻领和底领

（3）翻烫底领：先将底领两端圆头内缝份修成 0.3 cm，再翻到正面烫煞，止口不可反吐。

（4）缉底领上口线：将底领里向上，沿底领上口缉 0.5 cm 明线，起落针与翻领止口明线对齐并对接。注意缉线顺直，如图 4-31 所示。

（5）扣烫底领缝份：把底领面下口缝份修剪整齐，并做上中点及对肩缝剪口。用底领面缝份包转底领里进行扣烫。

16．装领

（1）装领面：底领领面下口与大身领窝对齐，且正面相叠，沿底领下口净线缉线。在领窝肩缝处略拉伸一点，其余各处平缉，注意剪口对位准确，如图 4-32 所示。

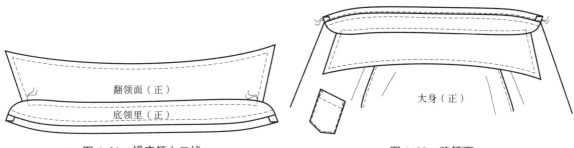

图 4-31　缉底领上口线　　　　　　　　　　图 4-32　装领面

（2）压领里：将底领里朝上，从底领上口起针缉 0.1 cm 明线，缉线经过圆头、底领下口、右边圆头，最终起落针重合 2 cm，底领上、下口明线形成一圈封闭曲线。压缉底领下口时要注意刚好盖住第一条装领线，而底领面也要缉住 0.1 cm 止口明线。门里襟两端要塞足、塞平，如图 4-33 所示。

17．折缝下摆

（1）对合门里襟，检验两者长度，门襟可长出 0.2 cm。

（2）下摆贴边宽 1.5 cm，贴边内缝份 0.7 cm，将下摆折转，从门襟底边开始缉线 0.1 cm，到里襟处结束，两端以倒针加固，如图 4-34 所示。

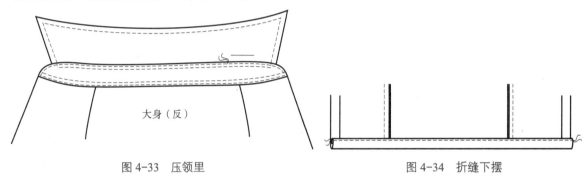

大身（反）

图 4-33　压领里　　　　　　　　　　图 4-34　折缝下摆

18．锁钉

（1）锁眼：门襟领口处、最下端扣眼位处分别锁横向扣眼一个；门襟锁直扣眼五个；袖衩门襟中位锁直扣眼一个；袖克夫门襟中间锁横扣眼一个。扣眼大小要与纽扣相符，且均为平头扣眼。

（2）钉扣：在领口、里襟、袖衩、袖克夫处相对扣眼位置定出纽扣的位置，并钉扣。

19．整烫

首先清剪线头，再把领头熨烫平挺，留有窝势；然后把袖子烫平，在褶裥处按裥烫平；最后烫平后背及褶裥、前身门里襟及贴袋。

（三）质量标准

1．规格标准及规格测量

衬衫成品规格测量方法见表 4-3。

表 4-3　衬衫成品规格测量方法

序号	部位名称	测量方法	允许的偏差表
1	领大	领子摊平横量，单立领量扣中至眼中的距离，翻折立领量上领下口，翻折领量上领下口，其他领量下口	偏差不超过 0.6 cm
2	衣长	男衬衫：前后身底边平齐，由侧颈点垂直量至底边； 女衬衫：由前身颈肩点垂直量至底边； 圆摆衬衫：从后领窝中点垂直量至底边	偏差不超过 1.5 cm
3	袖长	由袖子最高点垂直量到袖口边	长袖长偏差不超过 0.8 cm，短袖长偏差不超过 0.6 cm
4	胸围	扣好纽扣，将衣身放平，在袖底缝处水平围量一周	偏差不超过 3.0 cm
5	总肩宽	男衬衫：由过肩两端、后领窝向下 2 ～ 2.5 cm 处水平围量； 女衬衫：由肩袖缝交叉处，解开纽扣放平测量	偏差不超过 0.8 cm

2．对条、对格要求（面料明显的条格，在 1.0 cm 以上适用）

衬衫对条、对格规定要求见表 4-4。

表 4-4　衬衫对条、对格规定要求　　　　　　　　　　　　单位：cm

序号	部位名称	对条、对格规定
1	左右前身	条料对中心条，格料对格互差不大于 0.3 cm，格子大小不一致，以前身 1/3 上部为准
2	袋与前身	条料对条，格料对格，互差不大于 0.2 cm，格子大小不一致，以袋前部的中心为准
3	左右领尖	条格对称，互差不大于 0.2 cm
4	袖克夫	左右袖克夫条格顺直，以直条对称，互差不大于 0.2 cm
5	后过肩	条料顺直，两端对比互差不大于 0.4 cm
6	长袖	条格顺直，以袖山为准，左右袖对称，互差不大于 1.0 cm
7	短袖	条格顺直，以袖口为准，左右袖对称，互差不大于 0.5 cm

3．缝制质量要求

（1）常规男衬衫针迹密度要求（表 4-5）。

表 4-5　常规男衬衫针迹密度要求

序号	项目	针迹密度
1	明线、暗线	不少于 12 针 /3 cm
2	绗缝线	不少于 9 针 /3 cm
3	包缝线	不少于 12 针 /3 cm
4	锁眼	不少于 12 针 /cm
5	钉扣	每孔不少于 6 根线

（2）各部位缝制线迹平服、整齐、牢固。

（3）上下线松紧适宜，无跳针、跳线，起止均倒回针。

（4）领面上不允许跳针、接线，其他部位 30 cm 内不得有两处跳针，链式线迹不允许跳线。

（5）粘合衬部位牢固平服，不允许脱胶、渗胶或者起泡。

（6）领子平服，领面、领里、衬松紧适宜，领尖不反翘。

（7）袖克夫、口袋、衣片缝份均匀、顺直、平整。

（8）商标位置正确，号型标志、成分含量、洗涤标志准确，位置端正。

（9）绱袖圆顺，吃势均匀，两袖前后基本一致。

（10）锁眼位置准确，大小得当，封口美观，钉扣与扣眼相对，整齐牢固，缠脚线高低适宜，线结不外露。

4．熨烫要求

（1）各部位熨烫平服、整洁，无烫黄、水渍及亮光。

（2）袖子左右基本一致，折叠符合标准，端正美观。

（3）同批产品的整烫折叠应保持统一标准（图 4-35）。

图 4-35　男衬衫

任务三　女衬衫制作工艺

学习目标　掌握女衬衫制版、制作知识和相关技能（规格设计、制图、放缝份、排料、制作）。

知识要点　规格设计、制版、排料划样、制作方法与工序和质量标准。

技能要点　做省，抽碎褶，做袖衩，装袖，装领，制作工艺每一程序的技巧。

素质要点　工作中需要具有一丝不苟、严谨踏实的工作作风，耐心细致的工作态度，不断追求、勇于创新的工作意识以及对产品精雕细琢、精益求精的职业精神。

一、女衬衫纸样设计与裁剪

1．款式说明

本款女衬衫胸围加放量为 10 cm，属于合体类型。前襟五粒扣，第二、三粒纽扣中间钉有一粒暗扣；小圆角连翻立领；前身有腋下省和落地省，后身有腰省；吸腰，平下摆；装袖，袖山顶部抽碎褶，袖口开衩，装袖克夫，袖克夫止口处夹装碎褶装饰条。款式如图 4-36 所示。

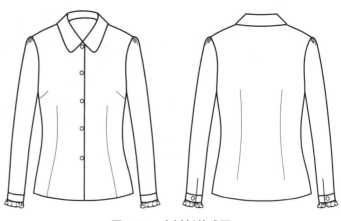

图 4-36　女衬衫款式图

2．女衬衫的规格设计与样板制作

（1）女衬衫结构工艺选用号型：165/84A。

女衬衫成衣规格设计见表 4-6。

表 4-6　女衬衫成衣规格设计　　　　　　　　　　单位：cm

部位	规格	设计依据
衣长	59	0.35 ~ 0.4 号
胸围	94	净胸围 +10
肩宽	38	净肩宽
领大	38	0.44 ~ 0.45 型
袖长	57	0.35 号
袖口围	24	0.27 ~ 0.3 型
袖克夫宽	3	

（2）结构制图如图 4-37 所示。

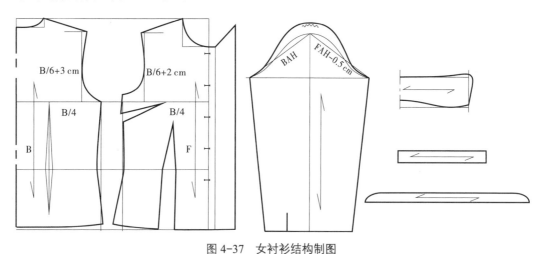

图 4-37　女衬衫结构制图

（3）将女衬衫样板制成工业样板，各部位按照以下方法添加缝份：

下摆加 2.5 cm，贴边不加，碎褶装饰条直边放 0.6 cm，其他各处加 1 cm，如图 4-38 所示。

3．女衬衫用料计算与排料

（1）用料计算。夏季服装所应用的面料幅宽较小，常用面料幅宽为 110 cm，采用单层、有方向性的排料方式。用料长度：2 倍衣长 + 15 cm。

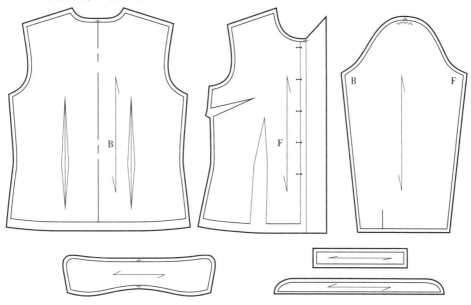

图 4-38　女衬衫工业样板

（2）女衬衫排料图如图 4-39 所示。

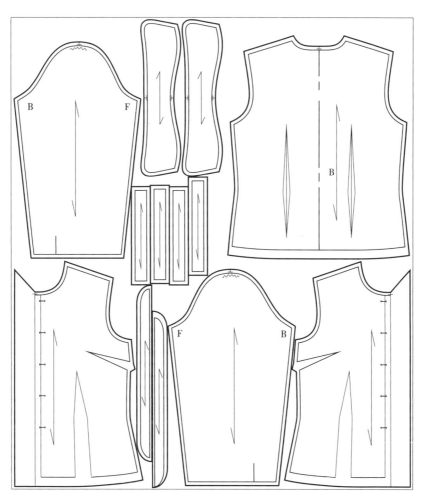

图 4-39　女衬衫排料图

二、女衬衫工艺设计与制作

（一）缝制工艺流程

女衬衫的缝制工艺流程，如图 4-40 所示。

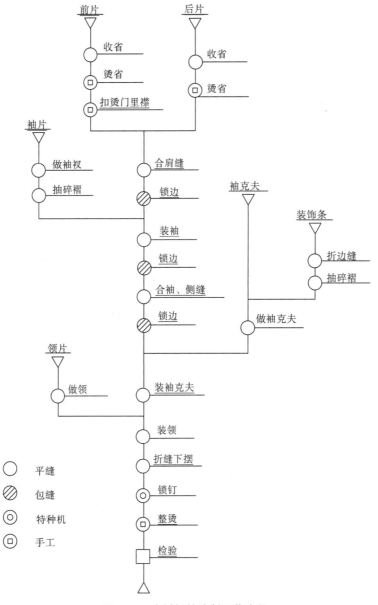

图 4-40　女衬衫的缝制工艺流程

（二）缝制工艺

1. 部件裁剪

（1）面料：前片 2 片，后片 1 片，袖片 2 片，袖克夫面、里各 2 片，直条袖衩 2 片，领面、领里各 1 片，装饰条 2 片。

（2）衬料：领面及袖克夫面使用有纺衬，门里襟贴边使用无纺衬。

（3）辅料：纽扣 8 粒。

2．做缝制标记

在以下部位打剪口或打线钉：

前片：过面宽位、前中心线位、腋下省和落地腰省位、底边贴边宽。

后片：后领窝中心、腰省位。

袖片：对肩缝点、袖口衩位、抽碎褶位置。

领面：上下口中点、对肩缝点。

3．粘衬

按连翻立领、袖克夫的毛样裁剪有纺衬，将领面、袖克夫面分别与有纺衬粘合，要粘实，无起泡现象，门里襟过面粘贴无纺衬，如图 4-41 所示。

4．做前身省道

（1）收省：先收腋下省，省根的上、下剪口要对准，正面相叠，如图 4-42 所示。再收落地腰省，对省根及省中进行上、下标记。由于省的两条边纱向不同，腋下省靠近胸围线的省边和落地腰省靠近前中线的一条省边丝缕比较直，因此缉省时要把这一侧省边放在上面。省尖要尖，左右两片省长短一致，省尖处留线头 3 ~ 4 cm。

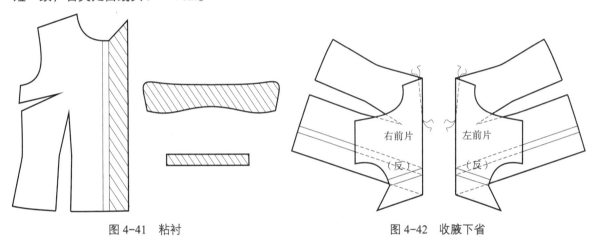

图 4-41　粘衬　　　　　　　　　　图 4-42　收腋下省

（2）烫省：在衣片的反面从省根向省尖烫，腋下省省缝向小肩方向烫倒，落地腰省省缝向门里襟方向烫倒，不可有褶裥现象。省尖处要烫圆。落地省的双层缝份要用包缝机锁边一道，保留 0.8 cm 的缝份，其余切掉，也可以在后边的袖窿锁边工序中一起进行，如图 4-43 所示。

5．扣烫门里襟过面

门里襟过面宽窄按剪口指示，从上至下扣烫。烫后止口要平直，不可拉伸变形。

6．做后身省道

（1）收省：方法同前片的制作，注意左右省完全一致。

（2）烫省：腰省省缝都向后背中方向烫倒。

7．合肩缝

前后片肩线正面相对叠放，后片在下方，缉线 1 cm。注意后片小肩中部处要适当归拢，而前片小肩要适当拔宽，如图 4-44 所示，然后双层一起锁边。

8．做袖衩

女衬衫常用的袖衩款式是直袖衩，直袖衩也可以应用于非正式的男衬衫中。

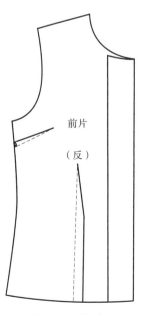

图 4-43　烫省

（1）开袖衩：按照袖衩的净长度在袖片的正确位置开剪，注意左右袖的对称。

（2）扣烫直袖衩：将袖衩一侧的缝份扣净，再用另一侧的缝份将其包住扣烫，这样使衩里比衩面宽出 0.05 ~ 0.1 cm，如图 4-45 所示。

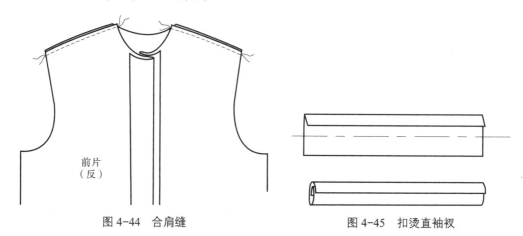

图 4-44　合肩缝　　　　　　　　　　　图 4-45　扣烫直袖衩

（3）装袖衩：直袖衩有两种安装方法。一种是按照"男衬衫制作工艺"中的方法，将袖子的袖衩口夹进已扣烫好的袖衩条，在正面压 0.1 cm 明线，如图 4-46 所示。在袖衩口的顶端，由于改变车缝方向比较困难，因此可以适当减小袖衩口的缝份，以免出现明显的皱褶。

另一种安装方法是先将袖衩条的一边缝份扣倒；再将袖衩条的另一边的正面与袖衩口反面相叠，放齐，缉线 0.6 cm，开衩转弯处袖子缝份要小一些，防止打褶，0.3 cm 缝份即可，但不可毛出，如图 4-47（a）所示；然后将袖衩翻转，在袖子正面将扣光毛缝的袖衩条一侧盖过第一道缉线，压缉袖衩止口 0.1 cm，注意这道缉线在反面袖衩条的下面，不能缉住反面袖衩条，袖衩不能有涟形，如图 4-47（b）所示。

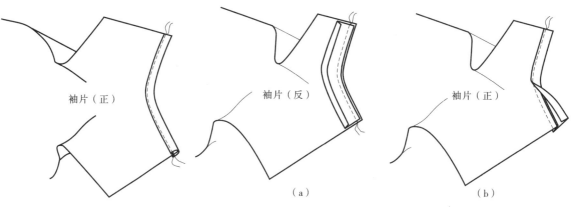

图 4-46　直袖衩的一种安装方法　　　　图 4-47　直袖衩的另一种安装方法

（4）封袖衩：封袖衩也有两种方法。

一种方法如图 4-48 所示，袖子沿衩口正面对折，袖口平齐，袖衩摆正，在袖衩转弯处向袖衩外口斜下 1 cm 缉来回针 3 ~ 4 道。

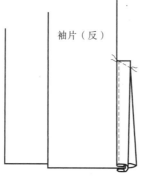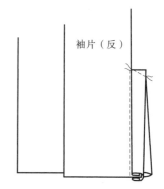

图 4-48　封袖衩的一种方法

另一种方法如图 4-49 所示，将大袖片的门襟袖衩向里折转放平，在离袖衩转弯 0.8 ~ 1 cm 处，用明线缉来回针 3 ~ 4 道。封袖衩线的宽度不可超过袖衩宽。

图 4-49　封袖衩的另一种方法

9．袖山抽碎褶

将平缝机针码调至最大，在袖片的袖山上部两个碎褶标记之间，车缉一道，缝份 0.7 ~ 0.8 cm，注意两端不打倒针，留出 4 ~ 5 cm 线尾。再抽紧其中一根线，使袖山长度变小，达到所要求长度，并稍后调整，完成碎褶造型。如图 4-50 所示。

10．装袖

将袖子置于下层，袖山与袖窿对齐，缉线 1 cm。注意袖山的吃势分布要合理，袖山顶部的碎褶部分要顺应褶皱方向。然后双层一起锁边。

11．合袖、侧缝

缝合袖缝与侧缝，并锁边。袖窿底十字要对正。

图 4-50　袖山抽碎褶

12．做袖克夫

（1）做装饰条：把装饰条的直边连续向反面折转两次，将 0.5 cm 的缝份折净，做折边缝。再将平缝机针码调至最大，在装饰条的曲线边车缉一道，缝份 0.7 ~ 0.8 cm，注意两端不打倒针，留出 4 ~ 5 cm 线尾，抽紧其中一根线，使其长度变小，与袖头的长度相等，并稍做调整，使碎褶分布均匀，完成碎褶造型。如图 4-51 所示。

（2）缉袖克夫：将袖克夫面的上口缝份折净扣烫，再与袖克夫里正面相对，袖克夫面在上。两者中间夹住装饰条，装饰条正面朝上。如图 4-52 所示，沿克夫净样缉合外沿三边，两端打倒针加固。缉线时要将克夫里适当拉紧。再将其翻至正面，用袖克夫里的缝份包转克夫面，扣烫倒。注意里外容，以及碎褶的立体造型，不要完全烫实。然后把袖克夫里的缝份塞入袖克夫夹层中备用。

图 4-51　做装饰条　　　　　　　　　　　　　　　　图 4-52　做袖克夫

13．装袖克夫

将袖口缝份塞入袖克夫，注意袖克夫两端要塞足。把门襟一侧的直条袖衩折转到反面，在袖克夫正面缉 0.1 cm 止口，如图 4-53 所示。

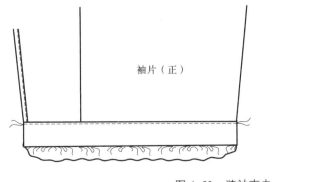
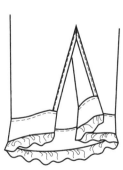

图 4-53　装袖克夫

14. 做领

（1）缉领：领里放在下层，正面向上，领面正面与之相叠，沿领净样线缉合领外口线，缝合时领角处的领里拉紧，领面略松，使其产生里外容，领角部位有窝势，如图4-54所示。

（2）烫止口：将缝份修剪整齐，留0.2 cm，并将各边缝份向领面方向折转扣烫。注意止口的里外容，如图4-55所示。

（3）翻烫领子：将领子翻到正面，领角处翻足、翻尖，然后将领里向上，从两头开始烫，要烫平。领里不要倒吐，两领角要对称。修剪下口缝份，并使领面下口比领里略长0.2 cm，做好中间及左、右肩缝的对位标记，如图4-56所示。

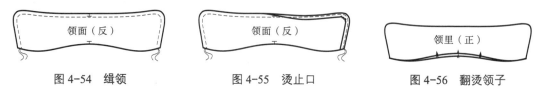

图4-54 缉领　　　　　　　图4-55 烫止口　　　　　　　图4-56 翻烫领子

15. 装领

把过面按止口对刀位折转，领子夹在中间，对准前中心线，从左襟开始缉线。缉至距过面边缘1 cm处时，把上面两层（即过面和领面）打剪口，剪口深度不超过缝份宽度。然后把过面和领面翻起，继续缉线，缝合领里和领窝。领后中缝与后背中线对准，左、右肩缝向后片倒。右襟处用与左襟同样的方法处理，左右剪口距离相同。领窝不可归拢，可在肩缝处稍拉伸，如图4-57所示。

16. 压领

把过面翻正，翻出门里襟，扣转领面下口缝份，用扣光后的领面盖住装领线，在两个剪口之间，把多出来的过面塞入两层领中间，再将领面与领里缉牢，缉线时注意保持上下松紧一致，防止领面不平或起涟形，如图4-58所示。

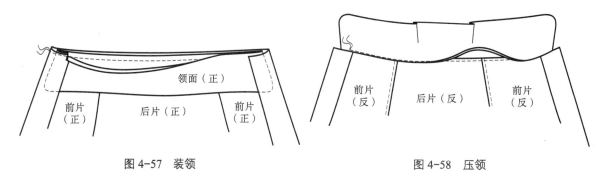

图4-57 装领　　　　　　　　　　　　图4-58 压领

17. 做下摆

（1）缉过面下摆：将过面向正面折转，沿下摆净线缉线一道，如图4-59所示。

图4-59 缉过面下摆

（2）折缝下摆：翻出过面，折缝下摆，折缝宽度1.5 cm，折缝止口0.1 cm明线。侧缝缝份倒向后片，如图4-60所示。

图 4-60　折缝下摆

18．锁钉

（1）锁眼：门襟上锁横扣眼 5 个；袖克夫门襟二等分位置锁横扣眼 1 个。扣眼大小与纽扣相符合，且均为平头扣眼。

（2）钉扣：在里襟、袖克夫处相对扣眼位置定出纽扣的位置，并钉扣。

19．整烫

首先清剪线头，再熨烫门里襟、领子，领子留有窝势，然后烫平袖子、袖克夫，最后烫平后背、下摆。

（三）女衬衫质量要求（图 4-61）

相关质量标准参见《衬衫质量标准》。

（1）各部位规格准确，缉线顺直。

（2）领角长短一致，左右对称，领面有窝势。

（3）门里襟长度一致，装领处平直，且长短合理。

（4）左右省道位置对称，长度一致。

（5）装袖圆顺，袖衩平服，碎褶造型立体而均匀。

（6）整烫平整干净，无烫黄，无污渍。

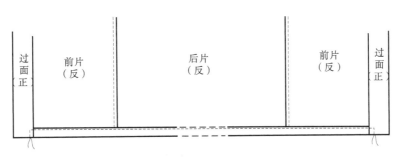

图 4-61　中性女衬衫

（四）衬衫常见的工艺形式

1.“明门襟”的制作

衬衫的门襟，除上文中所用的“连门襟”外，还有两种常用做法：“明门襟”“暗门襟”。“明门襟”的外观看起来更活泼一些，也更适合休闲或年轻的风格，如图 4-62 所示。

（1）做门襟。在大身正面的搭门处再缉缝一条面料，有时这条面料可以换成其他材质或图案的面料；正面再压缉两道明线做装饰缝，制作方法如图 4-63 所示。

（2）做里襟。

①扣烫里襟：如图 4-64 所示，将里襟过面连续折转，扣烫止口及折边缝份。

②缉里襟明线：将右前片反面向上，面线调得略紧些，沿过面折边以 0.1 cm 缉明线。

2.“暗门襟”的制作

“暗门襟”的款式一般是有双层门襟，而扣眼

图 4-62　明门襟

图 4-63　“明门襟”的制作方法

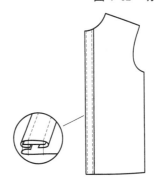

右前片（反）

图 4-64　做里襟

锁在内层门襟上；穿着系扣子之后，从外表看不到纽扣。如图 4-65 所示款式，门襟为双层，门襟上面有 3 粒明扣，以下做成"暗门襟"。

图 4-65 "暗门襟"男衬衫

（1）做门襟。

① 扣烫门襟：如图 4-66（a）所示，将门襟的过面部分连续折叠扣烫，过面最后的缝份要包转其折转的内部边缘。注意双层门襟的止口都要扣烫平整顺直，不可拉还，且内层门襟的止口要窄于外层门襟止口 0.05 cm，切不可反超。

② 固定门襟：如图 4-66（b）所示放置前片，在第四、五粒扣中间位置车缝固定两层面料，缝线宽度不可超过门襟止口线的位置；在第二粒扣以下 2 cm 位置车缝固定两层面料，并继续沿门襟止口线车缝至领窝处；同样方法在第六粒扣以下 5 cm 位置车缝固定并沿门襟止口线车缝至下摆处。

③ 缉门襟明线：如图 4-66（c）所示，将左前片反面朝上放置，把门襟过面摆放平整，缝份包转过面内部边缘，以 0.2 cm 缉线车缝。车缝前缝纫线要事先调整，面线调得略紧，使车缝后显露在正面的线迹比较美观。

如图 4-66（d）所示，把左前片翻过来，正面朝上，从领窝开始，沿止口向下以 0.15 cm 明线缉缝，到第二粒扣下方 2 cm，连续转 90° 车缝两道相距 0.5 cm 的明线，以倒回针结束，两道明线长度要与前一道门襟明线垂直。

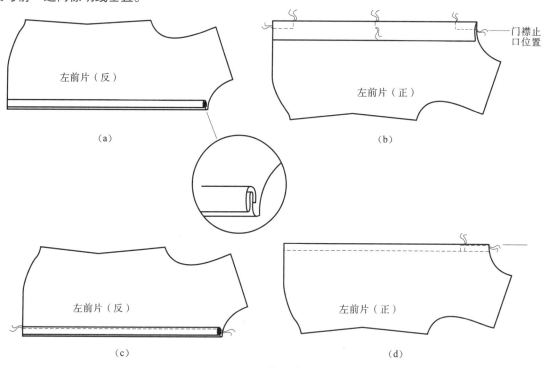

图 4-66 做门襟工序

（a）扣烫门襟；（b）固定门襟；（c）缉门襟明线（一）；（d）缉门襟明线（二）

"暗门襟"的门襟是双层的。这个款式锁扣眼时，门襟领口处锁横向扣眼一个；门襟上第一、二个扣眼锁直向扣眼；第三至六个扣眼在内层门襟上锁直向扣眼。

（2）做里襟。对应的里襟制作方法，与"明门襟"的里襟做法相同。

3．垫布袖衩的制作

准备一块垫布，除袖口方向外，垫布的其他三边要进行折缝，宽度小于 0.5 cm，折缝缝份止口明线 0.1 cm。在袖片的正面画好袖开衩的位置及大小，将垫布反面朝上置于袖片正面之上，使袖衩位于垫布的中间位置。如图 4-67 所示，沿袖衩位置缉 U 形线，缉到顶点时横缉一针，注意缉这条线时针距要调小一些，平行线的宽度为 0.2 cm。然后在缉线的两平行线中间剪开，缉线的顶端不能剪断，再把垫布翻到袖片反面，用熨斗烫平。

4．自卷袖衩的制作

自卷袖衩是利用袖缝处自身的缝份进行折缝，形成袖口处的开衩。与前两者不同的是，前两者需要在袖身上开剪，剪出所需的开衩口长度，再处理出现的毛边；而后者只是在已有的开缝处留下开口就可以了，所以自卷袖衩常常是在缝合完袖缝之后制作的——先把袖片袖口处的缝份分别锁边，锁边长度高于开衩止点 4 cm 左右，再缝合袖缝，然后将袖缝的双层缝份同时锁边，这条锁边线迹与前者锁边线迹重合 2 cm，即离开衩口 2 cm，如图 4-68（a）所示。再将衩口处的缝份分别折转两次，缉 0.1 cm 的折边止口明线，如图 4-68（b）所示。在烫袖缝的时候将袖衩压烫平整，如图 4-68（c）所示。

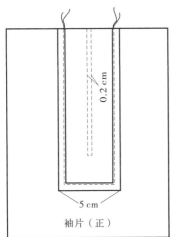

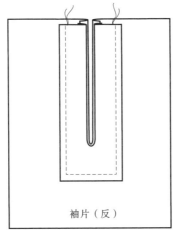

图 4-67　垫布袖衩的制作方法

图 4-68　自卷袖衩的制作方法

（a）锁边；（b）缉止口明线；（c）压烫平整

思考与训练

1．衬衫领的主要款型有哪两种？其特点是什么？

2．抽碎褶的工艺方法是什么？要注意什么？

3．袖衩的形式有哪些？

4．门襟的形式有哪些？

5．衬衫底摆有直摆、曲摆之分，它们的制作过程有哪些不同？

6．工艺制作训练：胸贴袋、宝剑头袖衩、男衬衫翻领、直袖衩。

在线检测

✂ 项目五
西服类工艺设计与制作

西服是男士的标准服装。目前，市场上流行的西服大多分为三类：正式西服、休闲西服、商务西服等。传统意义上的西服属于礼仪服装，属半紧身型，中国的西服受"宽襟博袖"服饰文化的影响，比较宽松。休闲西服以开发实用功能为主。近年来，商务西服发展很快，这类服装介于正式和休闲之间，又隐隐带着"猎装"的风格，功能上更为全面、细致，与正规西服相比，更灵活、多变，更有设计点，还适应办公以外的场所。女西服是由男西服演变而来的，在结构和工艺上没有西服严谨和精细。在教学中我们以男西服为重点进行学习。

任务一　西服基础知识

学习目标　了解普通西服常用面料、高级定制西服面料和加放量。

知识要点　面料选择、加放量确定。

技能要点　西服加放量的确定。

素质要点　具有良好的审美意识、正确的艺术观和价值观，树立热爱行业、积极进取的职业精神。

一、西服面料选择

1. 普通西服的面料选择

正规西服面料要求平整挺括，富有弹性，有一定的重量感，光泽柔和，外观丰满，一般选用定型性、保型性和保暖性较好的纯毛精纺机织物。春秋穿的男西服一般选用华达呢、哔叽、啥味呢、精纺花呢、礼服呢、贡丝锦、法兰绒和驼丝锦等材料。非正规西服大多选用毛混纺织物或者化纤仿毛织物，也可选用中条灯芯绒、平绒等棉织物、重磅砂洗双绉以及针织面料。如果选用弹性差、热塑性较差的面料，在结构和工艺上就必须采取相应的处理方法。夏季的正规西服一般选用颜色稍浅的薄毛料凡立丁、派力司、薄花呢。非正式西服多选用棉、麻、丝的混纺面料和化纤混纺面料。秋冬季的西服面料一般选用深颜色的双面华达呢、缎背华达呢、贡呢、中厚花呢、法兰绒、粗花呢等。

2. 高级定制男西服面料

西服定制按照工艺主要分为粘合衬定制、半麻／毛衬定制和全麻／毛衬定制。随着现代纺织技术的发展革新，涌现出大批的优质混纺面料。在传统意义上来说，毛织物占西服面料的大多数，如羊毛＋桑蚕丝，羊毛＋羊绒，羊毛＋亚麻等，大幅度丰富了现代西服定制行业中的面料选择范畴。根据面料的纱织、克重和成分等属性的差别，西服选择适宜春夏秋冬的定制面料。此外，棉、麻、竹纤维等织物也常见于休闲式的西服定制。

二、西服的加放量

西服与加放量的关系（根据款式有所调整）见表 5-1。

表 5-1　西服与加放量的关系（根据款式有所调整）　　　　　　　　　单位：cm

类型 ＼ 部位	肩宽	胸围
男西装	1 ~ 2	12 ~ 16
女西装	1 ~ 2	8 ~ 10

任务二　男西服制作工艺

学习目标　掌握西服制版制作知识和技能（规格设计、制图、放份配里、排料、制作），熟悉从样板到成衣制作每个程序的方法和要求，掌握缝制工艺流程、方法、质量要求。

知识要点　规格设计、排料画样方法、裁剪注意事项、工艺流程设计方法、制作方面的要求、熨烫整理相关要求以及质量标准。

技能要点　做手巾袋，做挂面，做大袋，做夹里，做里袋，做袖开衩，做领、装领，做袖、装袖，做底摆等方法和技巧。

素质要点　爱岗敬业，勇于创新，自觉遵守职业道德和职业规范，具备安全操作规范和质量意识。

一、男西服纸样设计与裁剪

（一）款式说明

本款男西服胸围加放量为 18 cm，属宽松型，平驳头，单排两粒扣，圆下摆，左右双嵌线带袋盖口袋各一，左胸手巾袋，后背开背衩，底摆圆下摆，圆装两片袖，袖口开袖衩，钉四粒装饰扣。其款式如图 5-1 所示。

（二）男西服的规格设计

男西服结构工艺选用号型：170/88A。
男西装的规格设计见表 5-2。

图 5-1　男西装款式

表 5-2　男西服的规格设计　　　　　　　　　　　　　单位：cm

部位	规格	设计依据
后中长	73	0.4 号 +5
胸围	106	净胸围 +18
腰围	94	胸围 −12
肩宽	46	0.3 胸围 +14.2
袖长	61	0.3 号 +10

（三）男西服用料准备与排料

1．用料准备

（1）面料：面料幅宽为 144 cm，采用双幅排料，用料长度：衣长 + 袖长 +15 cm。如果胸围超过 116 cm，用料长度：2 衣长 +10 cm。条格面料另外加 2 ~ 3 个完整格。建议选择毛混纺织物或者化纤仿毛织物。

（2）里料：宜选用柔软、光滑、吸湿透气的人丝美丽绸、涤丝美丽绸、涤丝绸、醋酸纤维里子绸等化纤仿丝绸织物以及绢丝纺、电力纺等真丝织物，涤丝绸或者醋酸纤维里子绸较为经济实用。用料量：衣长 + 袖长 +5 ~ 10 cm。

（3）衬料：

① 有纺衬：用于衣身、袖片、领片等部位，用料量长度：衣长 +20 cm。

② 牵条衬：用于服装制作中容易变形的部位，如袖窿、底摆、领口、驳口线、门襟止口线等部位。牵条衬分直纱和斜纱两种，西服制作需要 1 cm 宽直条衬约 5 m，1 cm 宽斜条衬约 3 m。

③ 胸衬：使西装衣身胸部造型饱满挺括的定型衬，由毛棕和胸绒组成，按照一定的尺寸和形状缝合在一起。

④ 其他材料：1 cm 厚垫肩 1 副，领底呢 50 cm（可以裁出 2 副），直径 2.2 cm 纽扣 2 粒，1.6 cm 纽扣 8 颗，口袋布 50 cm，裤钩 1 副，面料对色线 1 轴以及缝纫工具等。

2．结构图与排料图

（1）男西服结构图如图 5-2 所示。

（2）男西服排料图如图 5-3 所示。

二、男西服工艺设计与制作

（一）缝制工艺流程

缝制工艺流程如图 5-4 所示。

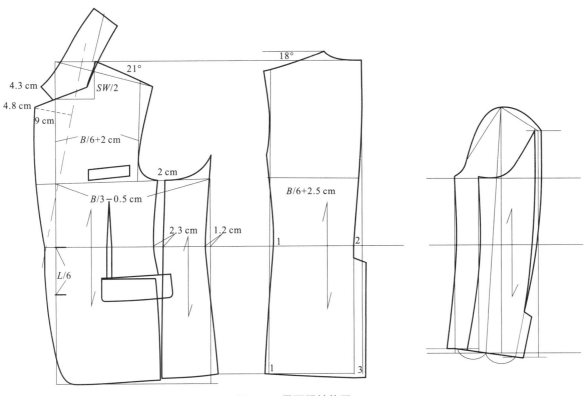

图 5-2　男西服结构图

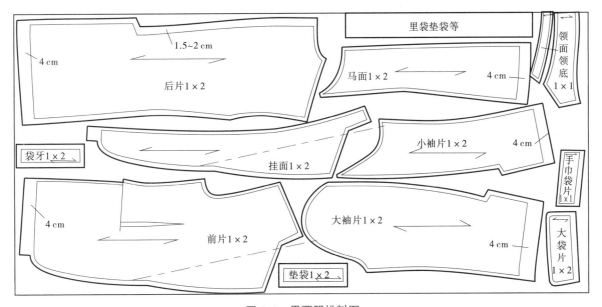

图 5-3　男西服排料图

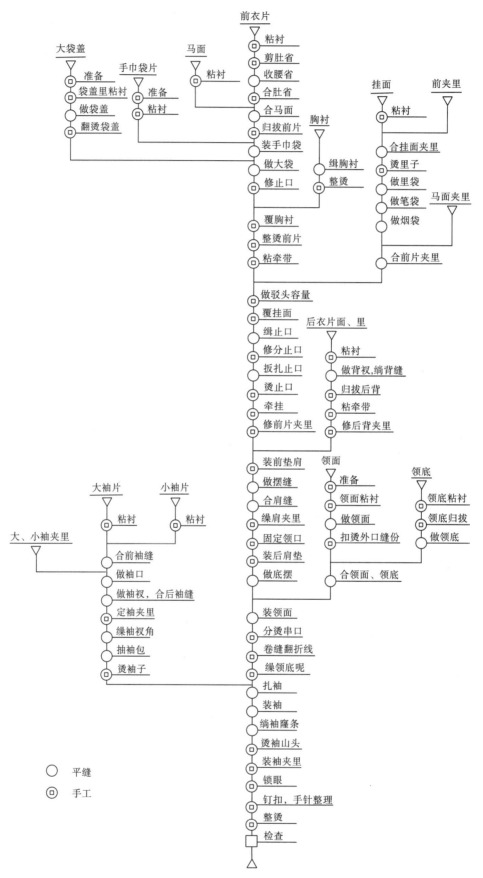

图 5-4　男西服缝制工艺流程

（二）缝制工艺

1．做缝制标记

在以下部位打剪口或打线钉：

前片：驳口线、省位线、扣位、腰节线、底边线、手巾袋位、大袋位、装袖点、装领点。

后片：背缝线、腰节线、底边线、装袖点。

袖片：袖山中点、偏袖线、袖肘线、袖衩线、袖口折边。

领片：后领中点、肩缝点。

2．粘衬

前片、挂面、马面毛裁净粘。后片底摆折边，大小袖口折边粘 4 cm 宽牵条，摆衩牵条宽 2 cm，均使用粘合机完成，如图 5-5 所示。

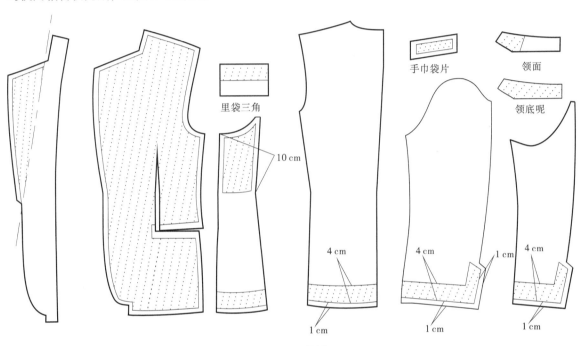

图 5-5　粘衬

3．裁胸衬、做胸衬

（1）挺胸衬裁配：挺胸衬由毛棕（2层）、托肩（毛棕）和拉绒组成。裁配均在毛份上进行。毛棕、拉绒裁剪相同，裁配如图 5-6（a）所示，托肩裁配如图 5-6（b）所示。现在西服制作中多使用成品胸衬，其外观更为轻薄，造型更为丰满挺括。

（2）纳胸衬：毛棕肩线处开剪口，下垫衬条将其缉合，托肩衬上的剪口要错开 1 ~ 1.5 cm，拼合后直接缉缝，腰省剪开后直接拼缝缉合；拉绒上不开剪，将毛棕、托肩、拉绒三层按之字形线迹车缝固定，间距 3 cm 左右，如图 5-7 所示。若使用成品胸衬可以省略。

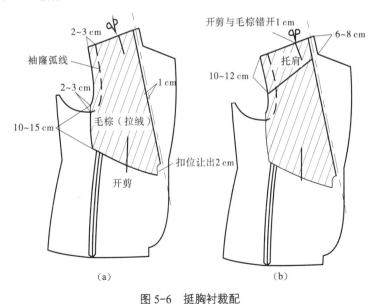

图 5-6　挺胸衬裁配

（a）毛棕（拉绒）；（b）托肩

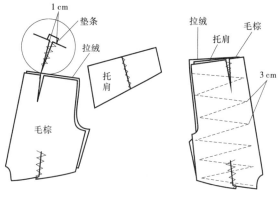

图 5-7 纳胸衬

4．收省、合马面

（1）剪肚省：将前片底边按折边线重新量出大袋位，剪掉肚省 0.2 cm，剪到距胸省 1 cm 处止，如图 5-8 所示。

（2）缉胸省：将前衣片正面向上，沿胸省中线对折，从腰节线以上 1 cm 处垫一块 2 cm 宽的本料，露出 0.7 cm，如图 5-9 所示。缝时腰节袋口处倒回针，省尖位距垫布 1 cm 处回针，以免胸省不平服，腰节线以下缝份剪开，分缝烫平，省尖内插入手针压烫平整，缝份用 1.5 cm 宽斜牵带粘合封住，将大袋位搭合并拢无空隙，用手针攥住。

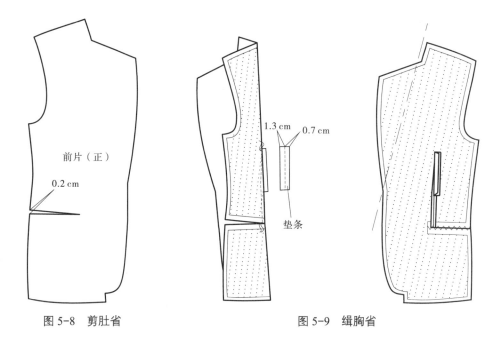

图 5-8　剪肚省　　　　　　　图 5-9　缉胸省

（3）合肚省：在大袋位处粘无纺衬，马面的相应位置也粘上无纺衬，以免开袋毛漏，按前片线钉重新画好大袋位。注意左右大袋高低相同、进出一致。

（4）合马面：马面与前片正面相对，沿边对齐，对准腰节线钉，缝份 1 cm，前片袖窿下 10 cm 处略吃进 0.3 cm 左右松量，满足胸部胖势需要，袋口下丝绺顺直，如图 5-10 所示。缝份劈开烫平，腰节处略拔开。

5．归拔

粘衬使西服挺括，运用推、归拔等熨烫工艺，能使平面衣片符合人体形状，满足造型需要。衣片归拔时，在归拔的重点部位要打几个剪口，但不宜过深。归拔时，对称衣片要正面相对平放，喷水归拔，归拔后将衣片静置 1 小时左右，有些线条不顺畅的地方要修顺。需归拔的衣片及归拔部位如图 5-11 所示。

6．做手巾袋

（1）扣袋片：手巾袋片内粘净有纺衬，先用熨斗将粘衬压实；再按袋口净线先扣两侧缝份，扣烫上口，剪去三角，将上口烫直，拼上上层袋布，如图 5-12 所示。

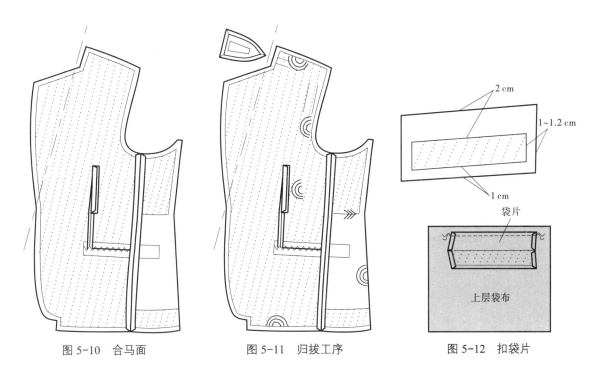

图 5-10　合马面　　　　　　　图 5-11　归拔工序　　　　　　图 5-12　扣袋片

（2）绱袋片：垫袋布反面向上，袋片按手巾袋线钉标记放好，两端回针缉牢。垫袋布反面向上，距袋位线上 2 cm 处缉直线，缉线时两端各缩进两针倒回针，以防开袋毛漏，如图 5-13 所示。

（3）开三角、翻烫袋口线：在两道缝线中间开剪口，两边剩余 0.8 cm 剪成三角，剪至线根留出 0.1 cm 不剪断，如图 5-14 所示。

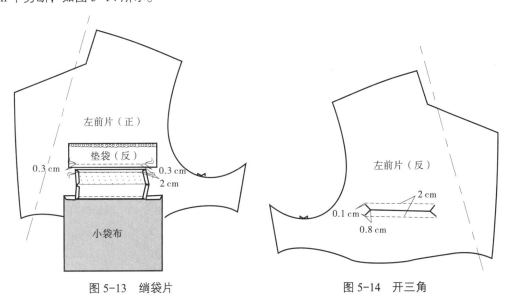

图 5-13　绱袋片　　　　　　　　　　图 5-14　开三角

（4）装下层袋布：袋布翻进衣片反面，袋片与面料、分烫垫袋布与衣身缝份，并将下层袋布放在垫袋布下，位置摆正，从正面沿垫袋布缝口灌缝下层袋布，如图 5-15 所示。

（5）固定垫袋布：将垫袋布固定在下层袋布上，在拷边线迹内，如图 5-16 所示，分烫袋片与衣身缝份。

（6）灌缝缝口：从正面沿袋片缝口，落针灌缝，将袋片面、里、上层袋布固定在一起，注意不能缉到垫袋上，用暗线缉缝小袋布止口和衣身止口，如图 5-17 所示。

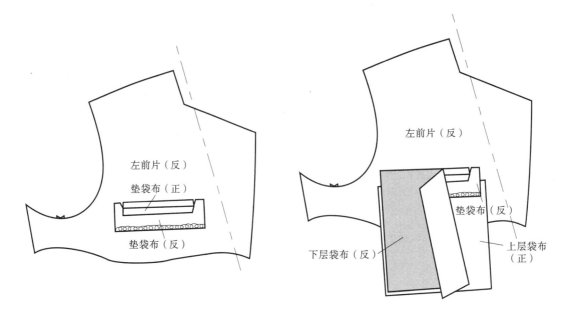

图 5-15　装下层袋布

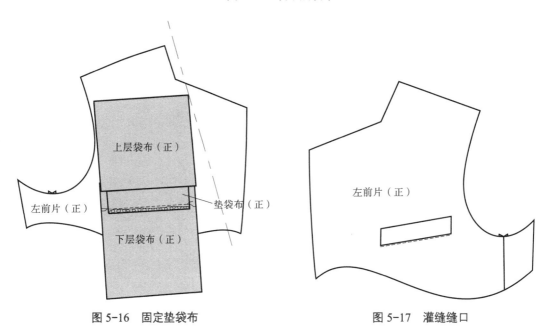

图 5-16　固定垫袋布　　　　　　图 5-17　灌缝缝口

（7）勾缝袋布：掀起衣身，将上下层袋布三边勾缝，止口要均匀，起止回针，袋布沿边锁边，四个角用无纺衬粘合定到衣身反面，如图 5-18 所示。缉袋片明线如图 5-19 所示。

（8）条型面料手巾袋的裁剪。条型面料中手巾袋与衣身保持一致非常重要。在衣身上确定手巾袋的准确位置，并做出记号，如图 5-20（a）所示。在布片上相应的位置，根据对条标记放好裁剪样板，如图 5-20（b）所示。以袋口线为对称轴做出袋片的对称图形，即袋片里，为保证袋片里的造型不变形，将止口分别收进 0.3 cm，如图 5-20（c）所示。放出袋片面、里的缝份得到裁剪样板，如图 5-20（d）所示，扣烫后再放到衣身上进行确认。

视频：手巾袋制作

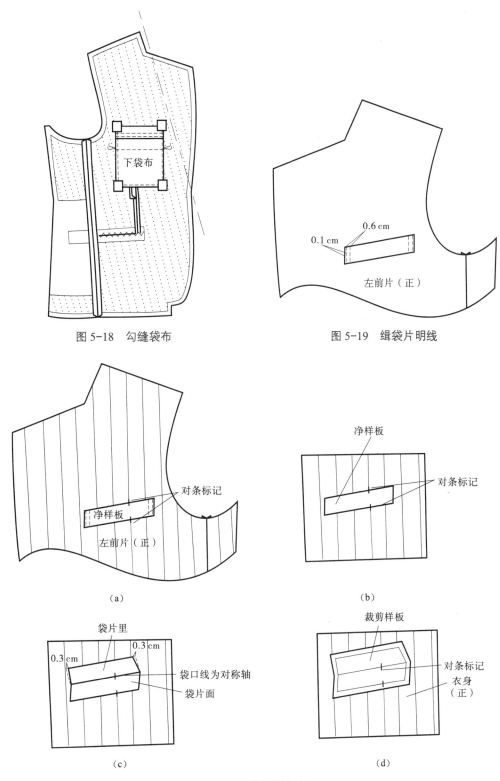

图 5-18　勾缝袋布　　　　　　　　图 5-19　缉袋片明线

（a）　　　　　　　　　　　　　　（b）

（c）　　　　　　　　　　　　　　（d）

图 5-20　手巾袋的对条

（a）确定位置并做记号；（b）放好裁剪样板；（c）做袋片里；（d）放出缝的裁剪样板

7．做大袋

（1）做袋盖：为保持大袋服贴，袋盖面不粘衬，袋盖里选斜丝里，在反面刷上薄浆晾干备用，袋盖面外口多出大约 0.2 cm 作为里外容量，如图 5-21（a）所示。将面、里上口平齐，沿上口约 1/3

处扎线一道，将其正面相对固定，在袋盖面反面画出净样，三边取齐后用手针沿净样线里 0.1 cm 缝线扎好，如图 5-21（b）所示。将袋盖里放在下层按净样缉线，完全符合后拆掉缝线，修剪缝头，里子缝份留出 0.4 cm，圆角留 0.2 cm，面子留 0.5 ~ 0.6 cm，如图 5-21（c）所示。用里子压住净线 0.1 cm，先在反面压烫，翻至正面，将袋盖烫平、烫薄，面子大于里 0.2 cm，并画出袋盖的宽度，如图 5-21（d）、（e）所示。

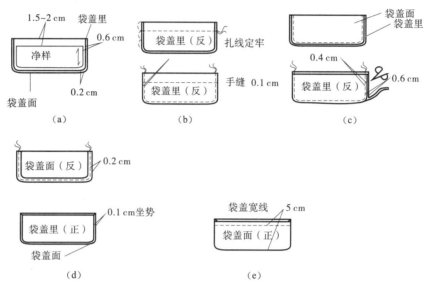

图 5-21　做大袋袋盖

（a）留出容量；（b）扎线定牢；（c）拆线修剪；（d）净样缉线；（e）烫平、烫薄

（2）做嵌线：嵌线两端比袋盖各长出 1 cm，宽度为 6 cm，里口粘薄型有纺衬，如图 5-22 所示。将其扣烫成 2 cm 宽，袋盖放平于上嵌线上，沿边缉缝 0.5 cm。

（3）绱袋盖与大袋嵌线：如图 5-23（a）所示，嵌线中线与大袋位对准，两端与线钉重合，

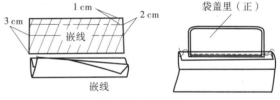

图 5-22　做嵌线

上层袋布粘在背面，缉缝上、下嵌线 0.5 cm，两道线起止回针封牢，上下平行，间距 1 cm。参考双嵌线袋制作方法，将袋位线剪开，两端剪成三角，然后翻到反面劈烫止口，并熨烫上、下嵌线，使之整齐、服帖。嵌线宽度各为 0.5 cm，上下宽窄均匀，如图 5-23（b）所示。

（4）封门字线迹：先在下层袋布上缉上垫袋，如图 5-24（a）所示。用门字封线固定上嵌线止口与两侧三角，三角缉缝三四道，紧贴袋口边缘，如 5-24（b）所示。

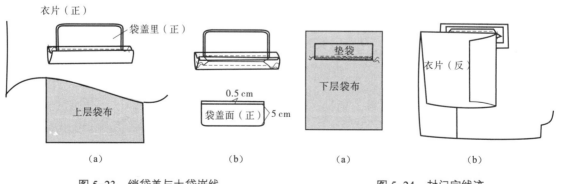

图 5-23　绱袋盖与大袋嵌线　　　　　图 5-24　封门字线迹

（a）绱袋盖；（b）大袋嵌线　　　　　（a）缉垫袋；（b）固定

（5）合袋布：掀起底边，以 1 cm 止口缝合袋布，并锁边，四角粘无纺衬固定于衣身反面。

8．修止口

衣片经缝制和归拔工艺后，有一定的收缩和变形，先校正衣长、胸宽、背宽等尺寸，如有不足，可通过调整贴边宽窄和缝份进行修正。再用净样板校正驳头、止口、圆角净缝，将左右片相对，按修好的一片校正另一片，使左右片完全相符。

9．覆胸衬

（1）烫衬：先将胸衬略加熨烫，烫出胸部胖势、肩部凹势，在胸衬一侧粘 2 cm 宽直丝牵带，并缉线固定，如图 5-25 所示，牵带另一侧距驳口线 0.5 cm。

（2）覆衬：将挺胸衬放在前衣片的反面，垫胸衬朝上（拉绒朝里子，毛棕贴紧面料）按位置放好，胸衬的驳口牵带粘在驳头上，用三角针固定，粘时略拉紧，胸衬与衣片的覆合用白棉线大针假缝固定，用手轻托在衣片下（或下垫一软垫）使胸衬与衣片紧密贴合，形成胸部胖势，共假缝三道缝线，如图 5-26 所示。

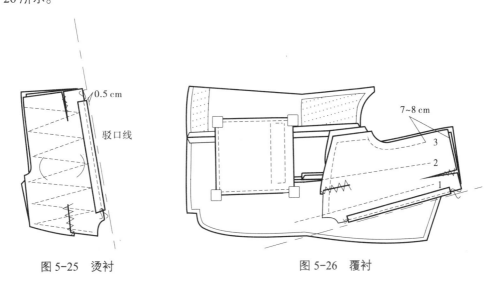

图 5-25　烫衬　　　　　　　　　　图 5-26　覆衬

第一道线：看胸衬缝，从肩缝下 10 cm，距驳口线 2.5 cm 处开始，绷缝第一道线，肩部不缝留出垫肩量。

第二道线：看面料缝，从胸中部开始绷缝，距驳口净线 10 cm 左右开始，留出肩部不缝。

第三道线：看面料缝，比面料多出的胸衬净去，肩头、领口处胸衬与衣片看齐，袖窿处胸衬多留出 4 cm。

（3）熨烫前衣片：前衣片正面向上，先烫肩部，再推烫胸部和止口，左、右片同时进行，成型后胸衬与前衣片饱满服帖，止口丝绺顺直。

10．做前片夹里，开里袋

（1）画挂面止口：用挂面样板明确门襟止口、翻领与驳领位等，确保圆下摆的正确形状和翻领的位置。

（2）合缉挂面夹里：先拼缝耳朵片，收好胸省、腋下省。拼缝后保持原来长度不变，如图 5-27（a）所示。再将耳朵片上、下缝份都分烫平服。将挂面外口略加归拔，其弯势与驳头外口相符，与里子拼缝，底边留出 4 cm 不缝，缝份倒向夹里，如图 5-27（b）所示，在反面里怀袋处粘上无纺衬。

（3）做三角袋盖：准备 13 cm 的正方形里料，方面粘上无纺衬，居中对折，再沿折线从两端折三角，划出 5 cm 的三角宽，如图 5-28 所示。

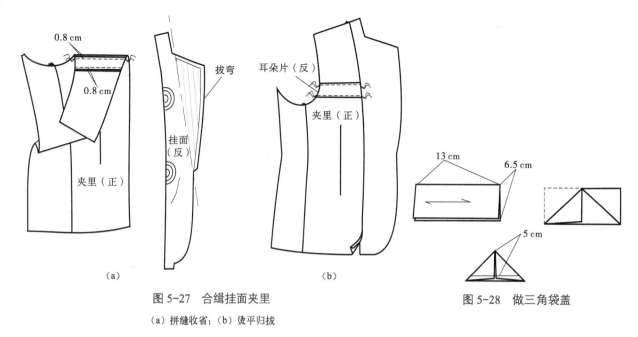

图 5-27　合缉挂面夹里

（a）拼缝收省；（b）烫平归拔

图 5-28　做三角袋盖

（4）滚嵌里袋：如图 5-29（a）所示，耳朵片正面中间放上袋口滚条，两端缉成三角形，间隔 0.6 cm，沿中线剪开，剪至离缉线一两根丝，并将两端长出的滚条开剪至留两根丝。如图 5-29（b）所示，把下口滚条按三角斜势两端折转，翻转，包足，在滚条上缉缝 0.1 cm 止口，上、下滚条宽窄一致。并将滚条下的上层袋布一起缉牢，如图 5-29（c）所示。上滚条同样折转包足，下面放好下层袋布，缉上止口 0.1 cm 与下层袋布缉牢，如图 5-29（d）所示。在离袋角 0.5 cm 处来回缉线，封牢袋口，并在左衣片里袋中间钉上三角袋盖，最后在兜布上合缉上、下层袋布，如图 5-29（e）所示。

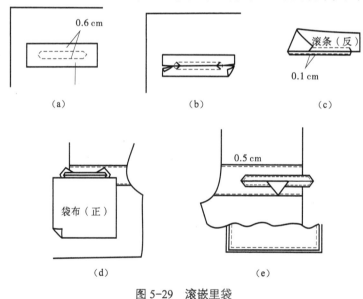

图 5-29　滚嵌里袋

（a）滚条（反）；（b）中间开剪口；（c）折转；（d）挂面（反）；（e）挂面（正）

11. 做烟袋和笔袋

烟袋和笔袋位于左前片夹里位置上，如图 5-30 所示。方法参考里袋及双嵌线袋，合缉马面夹里，缝份倒向侧缝。

12. 做止口

（1）粘牵带：按样板画出左、右片的驳头止口线，注意直弧线的位置。沿净样粘牵带，使止口里松外紧，驳头翻驳自然窝服，如图 5-31 所示。

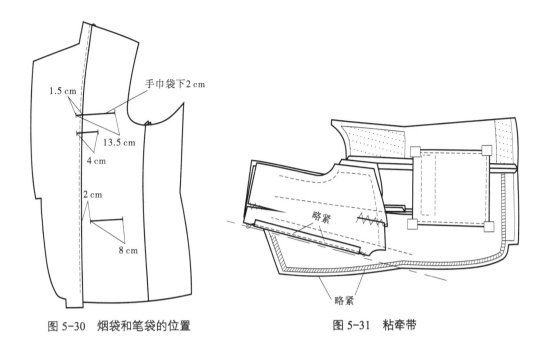

图 5-30　烟袋和笔袋的位置　　　　　　　　　　　图 5-31　粘牵带

（2）烫前身：可由里而外，由上而下进行。肩部要烫出胖势，胸部、大袋放在布馒头上熨烫圆顺、饱满，拔开腰节。胸省顺直，袋盖与底边窝服，驳头按线钉折转熨烫，注意左、右对称，整体平服。

（3）覆挂面：前衣片与挂面正面相对，胸衬放上层。

①做驳头容量：将上、下层驳口线对准，沿净线扎线定住。挂面与衣片的驳头放缝不同，作为里外容余量，如图 5-32 所示。沿边对齐，攘线 0.5 cm，将上下层扎牢定住。

②缉止口：从装领处线钉起针，第一粒扣位以上按止口画线缝，以下让出 0.15 cm 缉线，缉至挂面横头处，如图 5-33 所示。

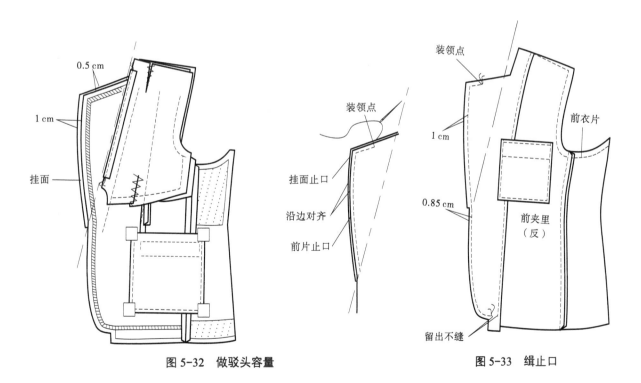

图 5-32　做驳头容量　　　　　　　　　　　图 5-33　缉止口

（4）扳止口：先修止口缝份，前衣片留0.6 cm，挂面留0.8 cm，圆头处略小，净出层势，然后将缝份扳向衣身（挂面包身），用斜针定线扎牢，扳时扣位以上按缝线扳止口，扣位以下让挂面出来0.15 cm扳住，将止口放在烫台上，盖上湿布，烫平烫煞。

（5）定扎止口：拆掉驳口线处缝线，翻到正面，熨烫定型，止口熨烫平薄，摆角窝势圆顺，左、右片长短一致，圆势相符，再将挂面驳头处横丝捋平，拆掉驳口线，在驳口线扎线卷缝，如图5-34所示。沿挂面、里子拼缝内侧定线扎牢，肩头留出不缝。

（6）牵挂：掀起里子，将挂面与夹里的拼缝与胸衬、粘合衬滴牢，如图5-35所示。腰省的上段缝份与胸衬滴牢。

（7）修夹里：将夹里正面向上，捋顺面、里料，将面、里定牢。按面料修去多余的里子，如图5-36所示。

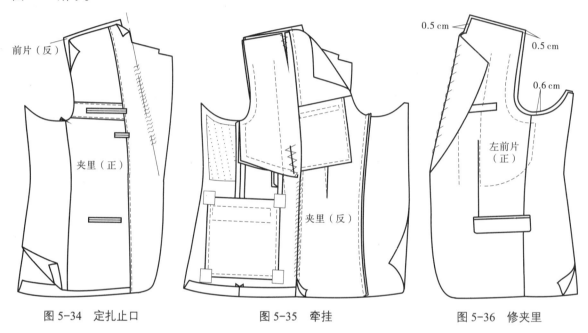

图 5-34　定扎止口　　　　　　　图 5-35　牵挂　　　　　　　图 5-36　修夹里

13. 做后背

（1）合后背缝：按线钉画顺背缝线，对准线钉标记位置，先扎后缉，缝份2 cm，里襟格摆衩沿边扣净。摆衩以上缝份劈开烫平，以下倒向左片，熨烫平服。

（2）归拔后背，粘牵带。

① 归拔后背：如图5-37所示，后背归拔的重点是凸起的肩胛骨，S形背弓，斜形肩部，先向衣片喷水，右手用熨斗从上口压住面料，左手用力拔伸肩胛部位，向下烫至腰节处，将中腰部位拔出，松势略归平。袖窿及腋下略归，摆缝处归烫顺直，臀凸处推进归烫，背中胖势向里推进，归拢烫平。肩部直丝向上拔出翘势，肩线向里略进，与后肩形状相符，最后将背缝分开，喷水烫平。熨烫时腰节略向外拔，背缝胖势推向肩胛骨，回势归掉，注意将背缝烫顺，烫平服。

② 粘牵带：为防止领口、袖窿拉伸变形，粘上直向牵带，粘时略拉紧，如图5-38所示。

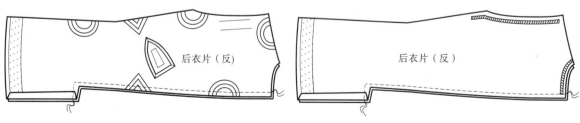

图 5-37　归拔后背　　　　　　　　　　图 5-38　粘牵带

（3）缉夹里背缝、定夹里：把左、右后片夹里正面相对，沿边缉缝，背中处夹里可做褶裥，作为后背活动松量，一直缉至背衩处，如图 5-39（a）所示。缝好里子后将前、后衣片翻出，夹里正面向上，使夹里背缝倒向左片，略放层势与后衣片扎线定牢，右片夹里下口与后片的右衩定牢，如图 5-39（b）所示。

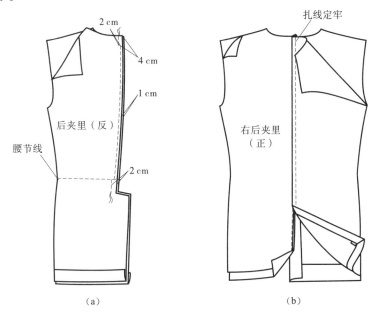

图 5-39　缉夹里背缝、定夹里

（a）缉夹里背缝；（b）定夹里

（4）净定左片夹里做后背衩：按照摆衩净线放好缝份，将多余的左片夹里修掉。扎线定牢，将夹里熨烫平服，按夹里上折痕分别与左、右后背缉缝，如图 5-40 所示。

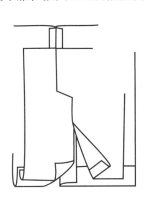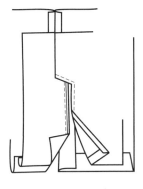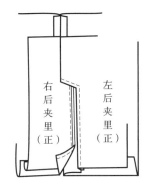

图 5-40　做后背衩

（5）修夹里：后背面、夹里反面相对，领口对齐，背缝对准，按后背修夹里，使夹里与面料侧缝平齐，袖窿多出 0.6 cm，底摆在净线下 1.5 cm，其余的里子均修掉。

14．装垫肩

对折垫肩，其中点对准毛鬃肩缝（即前衣片毛样肩线），袖窿处让出毛棕 0.5 cm，拉开衣片，沿袖窿边垫肩缝在胸衬上，再沿肩线将垫肩与里子固定，如图 5-41 所示。

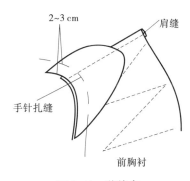

图 5-41　装垫肩

15．合侧缝

（1）合缉侧缝：前后侧缝正面相对，按线对齐，缉缝时手略推送，腰节处保留归势，缉线顺直，同时做好夹里。

（2）烫侧缝：夹里缝份向后片扣倒烫顺，面料劈缝熨烫，熨斗自上而下，防止分还。

16．合肩缝

（1）合肩缝：前后肩缝正面相对，后片在下，合肩缝时，后片中段归进 0.8 cm 缝线顺直不弯曲，起止回针。缝份分开，顺着弧度劈缝熨烫。

（2）定衣身肩部：将衣服肩部放在铁凳上，从胸部向肩部推平，在衣片正面用大三角针穿透里料，将肩部固定，后身袖窿处用倒钩针固定，如图 5-42 所示。

（3）缲肩夹里：胸衬与后肩毛缝放齐，多余修掉，后肩夹里扣烫 1 cm，与前肩夹里手针缲牢，如图 5-43 所示。

（4）固定领口：距边 0.6 ~ 0.7 cm，用倒针将领口固定，再用大针码将面、里后领缝份定在一起。

（5）缝后垫肩：后片垫肩与夹里袖窿在缝份内缝线固定，顺应垫肩的弧度，不松不紧，并将袖窿处夹里、垫肩用大线扎牢，如图 5-44 所示。

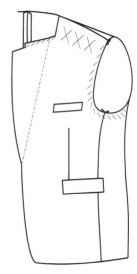

图 5-42　定衣身肩部

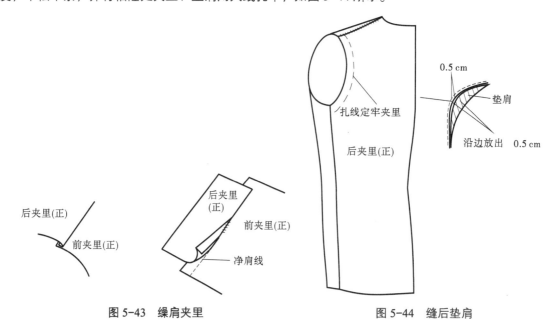

图 5-43　缲肩夹里　　　　　图 5-44　缝后垫肩

17．做底摆

（1）扎缝底摆：按线钉扣折前、后片下摆，将里子下摆距衣片底摆净线 1.5 cm 折转，扎线定牢，如图 5-45 所示。

（2）缲缝底摆：从离右挂面 1 cm 处起针，沿边缉缝 1 cm，缝至左片相同位置，并将缝份用三角针将其扳住，如图 5-46 所示。翻到正面烫平、烫薄。

18．做领

（1）做领底：如图 5-47 所示，领底使用正斜方向领底呢，反面粘上净有纺衬，也为正斜方向，以满足造型需要。先按净领样修剪止口，串口线留 1.5 cm 缝份，领下口留 0.5 cm，领头净样缩进 0.2 cm，领外口弧线缩进 0.2 cm；沿翻折线缉明线，将面、衬缉住，做出领座高。为防止领底呢变形及装领方便，将领底呢翻折线以上间距 2.5 cm 缉三角形，以下缉 0.8 cm 宽明线。

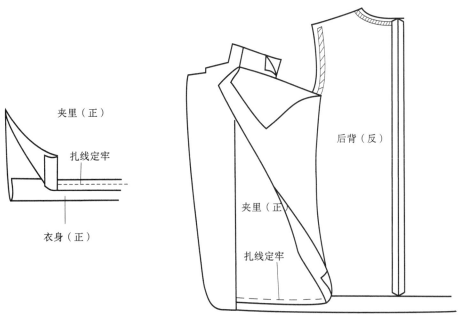

图 5-45 扎缝底摆

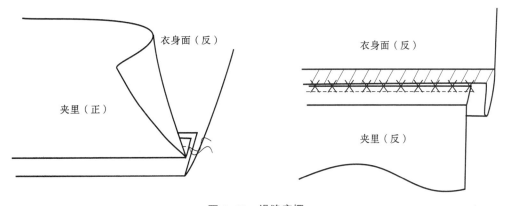

图 5-46 缲缝底摆

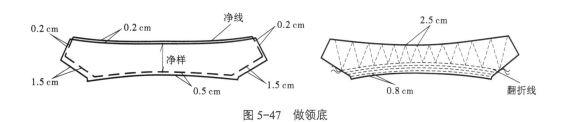

图 5-47 做领底

（2）做领面。

①挖领角：挖领角，可以解决领子内部多余的量，使领子经过简单的归拔便能服帖于人体颈部。

②领面粘衬：翻领和领角均为横料，均粘有斜向纺衬，位置如图 5-48 所示。

③做领面：先将翻领和领角弧线沿边对齐，按 0.5 cm 缝份缉缝。可剪几个剪口，劈缝烫倒后在正面缉 0.1 cm 明线，如图 5-49 所示。

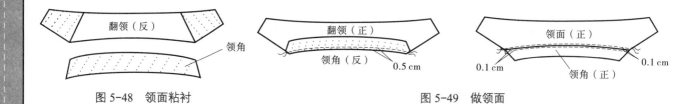

图 5-48　领面粘衬　　　　　　　　　　　　图 5-49　做领面

（3）做领。如图 5-50 所示，先扣烫翻领上口 1.2 cm 缝份，领底呢距领面外口净线 0.2 cm 放好，搭缉 0.4 cm，将领底呢略做归拔，使之与领面的形状、曲度一致，并扣烫领面两侧 2.5 cm 缝份；将领面、领底呢在领外口处扎线定住，按领底呢下口弧线画出领面下口净缝线，留 1 cm 缝份，多余的量修掉。将领外口与领底呢缝合处用三角针绷缝。

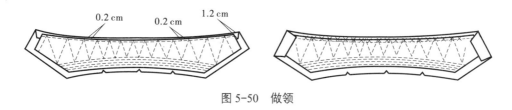

图 5-50　做领

19．装领

（1）装领面：从两端开始装领，对准领面中点与后领中点、领头串口与挂面串口的位置，先扎线固定，如图 5-51 所示，再缉缝领面，从右装领点起针缝至左片，按净样缉缝，至拐角处将针停住，略开几个剪口，领子铺平后继续缉缝。同时缉缝领面、衣身面与夹里的领窝。

（2）分烫串口：如图 5-52 所示，领面与挂面串口缝份倒向领面，衣身串口缝份倒向相反方向，领面缝份修至 0.7 cm，挂面串口缝份修至 0.4 cm，衣身串口缝份修至 0.7 cm，领下口缝份倒向领面。

（3）定领翻折线：领面、领里沿翻折线向外翻折，用卷缝固定，如图 5-53 所示。

（4）手缝领底呢：用三角针固定领底呢下口及两侧。如图 5-54 所示，对准标记位置，针距在 0.4 ～ 0.5 cm，先缝下口，再缝领嘴。

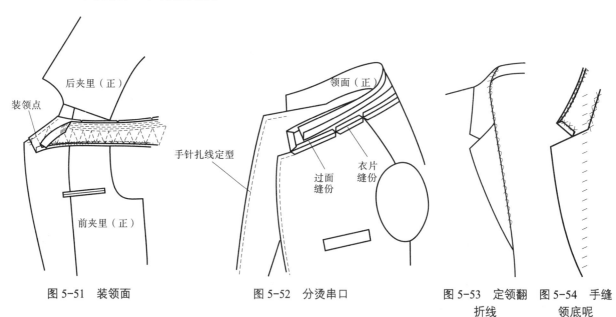

图 5-51　装领面　　　　　　图 5-52　分烫串口　　　　　图 5-53　定领翻　图 5-54　手缝
　　　　　　　　　　　　　　　　　　　　　　　　　　　　　　折线　　　　领底呢

20. 做袖

（1）拼缉前袖缝：大袖在上，与小袖正面相对，按标记对准，缝份 0.8 cm，注意吃势量的分配，并劈缝烫平，按袖口线钉扣烫袖口折边及袖衩宽，如图 5-55 所示。

（2）做袖口：将袖面、里正面相对，前袖缝对齐，先扎线固定，再沿边缉缝 1 cm，里子两端各留 3 cm 不缝。如图 5-56 所示，熨烫袖口余势，夹里袖山顶部高出 2 cm，其余作为坐量烫倒，袖夹里距袖口净线 1 cm，并将袖口缝份用三角针固定，正面不露线迹。

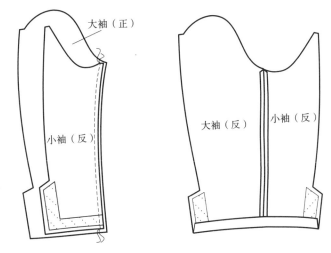

图 5-55　拼缉前袖缝

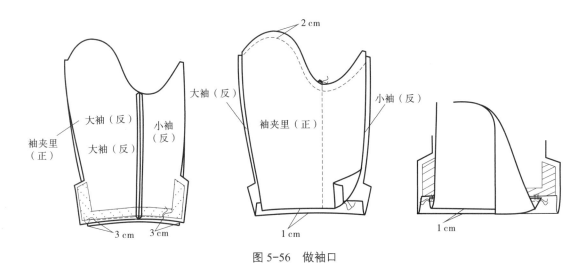

图 5-56　做袖口

（3）做袖衩、合后袖缝：这里介绍的是"真衩"的做法。真衩衩宽一般为 3 cm，先在大袖片反面粘上薄型有纺衬，沿袖口折边扣转，如图 5-57（a）所示。经过外袖缝净线与袖口折边交点做角"45°"，如图 5-57（b）所示。按斜线反向折叠，放出 1 cm 缝份，其余净掉，如图 5-57（c）所示。将底角正面相对，沿衩角斜线缉线，两端打倒针，衩角缝份剪分缝烫平，翻正衩角，折好贴边与大衩，大袖袖衩熨烫平整，如图 5-57（d）所示。小袖衩做法如图 5-57（e）所示，小袖片底边反向折起，离贴边止口 1 cm 起针，将衩、贴边缉缝，缝份 1 cm，并沿上口衩边开剪口。将小袖贴边翻正烫平，如图 5-57（f）所示。最后将大、小袖外袖缝按标记对齐，袖口高低一致，大袖可长出 0.2 cm，合缉外袖缝并按形状缉好袖衩，如图 5-57（g）所示。

（4）定袖夹里：先将袖片翻正、摆正，在前、后袖缝分别做出袖与夹里的对应标记，再翻到反面，对准标记位置，缝份对齐，自袖山下 10 cm 处缝至袖衩上 4 cm，将袖片与夹里的缝份固定，如图 5-58 所示，缝线靠近缉线，线迹略松，使袖与夹里松紧适宜。

（5）缲缝袖衩角：如图 5-59 所示，在袖口处将袖衩夹里缲牢，并将小袖衩贴边外口处毛边锁光。

视频：西服袖制作

（6）假袖衩的制作。男西服的袖衩还有一种制作方法，即"假衩"，做起来简单便捷，但是其工艺要求和穿着不如"真衩"讲究。

前袖缝拼缉并劈缝烫平完毕后，将大袖放上层，与小袖正面相对，沿边对齐，后袖山高处略吃进，缝份 1 cm 自上而下缉至袖衩处转出缉至袖口。注意大袖袖口的贴边是折向袖身的状态，即"跪缉"；在袖凳上将缝份分开熨烫平服，再在小袖衩缝份上打眼刀，将袖衩向大袖扣倒，翻到正面将袖衩烫平、烫顺即可，如图 5-60 所示。

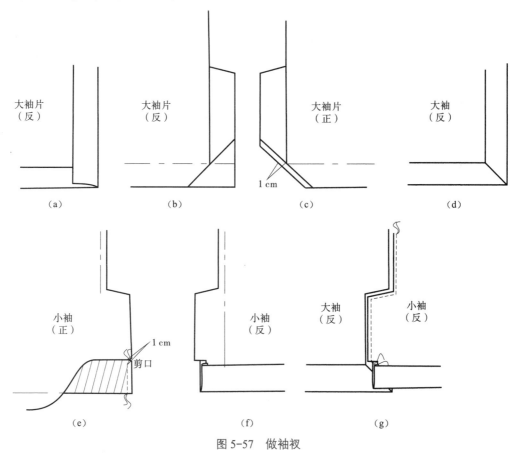

图 5-57　做袖衩

（a）粘衬折边；（b）折边做角；（c）折叠放份；（d）剪份烫平；（e）做小袖衩；（f）开剪口、贴边正；（g）大小袖衩对齐、缉好

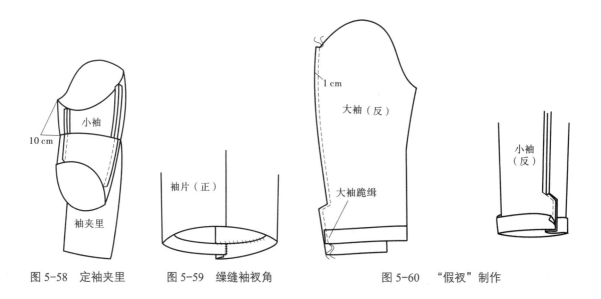

图 5-58　定袖夹里　　　图 5-59　缲缝袖衩角　　　　　图 5-60　"假衩"制作

21．装袖

（1）抽袖包：即做袖山吃势。从前袖缝向里 2 cm 起抽一周，距止口 0.5 cm，针距为 0.3 cm，吃势量与面料的厚薄、质地有关。西服一般袖山吃势量在 3 cm 左右，在袖山顶点左、右各 5 cm 范围内吃量最多，可占 60%，两装袖点间稍聚，腋下一般不做聚量。袖包抽好后，袖山弧线比袖窿弧线长出 0.6 cm 左右，作为里外容量，放在铁凳上压烫圆顺。

（2）扎袖：衣身放在上层，袖片在下，袖中点对准肩缝，袖标点对准袖窿凹势，外袖缝对准后背装袖点，三个点的位置可以灵活调整。先用线扎住左袖，扎时摆正袖子，保证衣身的横直丝缕，袖子以自然前甩，盖住大袋的 1/2 为宜。之后套到人台上，观察吃势是否均匀，袖山是否圆顺，袖山头丝缕是否顺直，装袖位置是否合适，按造型随时调整，取得最佳位置后再扎右袖，右袖的装袖位置及吃势分配以左袖为基准。完成后左右袖对称，完全一致，如图 5-61 所示。

（3）绱袖：袖片放在下层与衣身正面相对，从装袖点起缉缝 0.8 cm，缉线顺直，宽窄一致，再放到铁凳上将吃势烫匀烫散，袖子熨烫圆顺。

（4）绱袖窿条：袖窿条由正斜纱向的毛棕和拉绒两层组成，将毛棕和拉绒裁成 4 ~ 4.5 cm 宽，对折后将其放在袖面上，离开内缝 4 cm，超过后缝 2 cm 将其缉住，缉线与绱袖缉线完全重合，如图 5-62 所示。

（5）烫袖山头：为减少装袖缝份的厚度，将袖中点左右 5 cm 衣身反面先粘上无纺衬，再打剪口，劈缝熨烫，并将袖窿条与垫肩固定。

（6）装袖夹里：先做出袖夹里袖山吃势，熨烫圆顺，将止口扣进 0.8 cm，参考袖片的装袖位置，先用线扎住，再翻到正面，观察与袖子是否服帖，使其不紧、不吊，松紧适宜，最后将其缲牢，如图 5-63 所示。

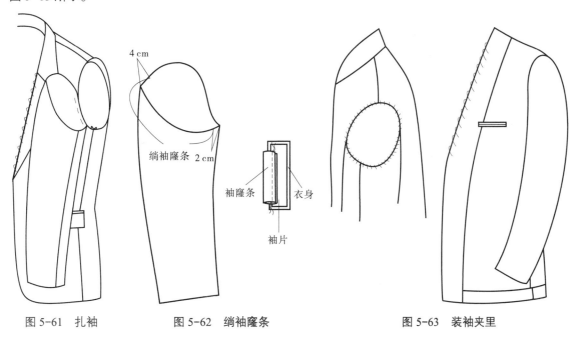

图 5-61　扎袖　　　　　图 5-62　绱袖窿条　　　　　图 5-63　装袖夹里

22．锁眼钉扣

（1）锁眼：西服一般锁圆头眼，分手锁和机锁两种，锁眼位置如图 5-64 所示。

（2）钉扣：西服一般采用"二"形缝线，钉扣时缝针从标记中心开始，双线结头套住缝线，再将线穿过扣孔，循环三次，扣线不宜抽紧，留出绕脚余地。将上、下线平均绕实后，反面打结，线头引入夹层，再打上止针结，以增加线迹牢度。里襟钉扣 2 粒，一般第一粒扣反面都钉上衬扣，又称扁担纽；左右袖口各钉扣 4 粒。

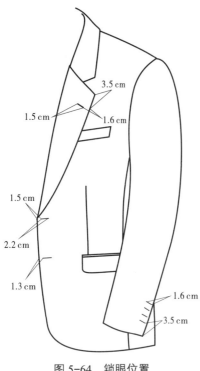

图 5-64　锁眼位置

23．整烫

整烫西服之前先把西服上的缝线及其他辅助线全部拆掉。整烫的具体步骤如下：

（1）压袖窿：将西服翻转反面，把袖底及肩垫部位放在马凳上，盖湿布熨烫。注意有垫肩的部位不能压烫。

（2）烫袖子：在装袖之前已把袖子烫好，所以在整烫时要检查一下袖子是否有不平服之处，可放在布馒头上盖布，喷水熨烫。

（3）烫肩缝肩头：烫袖山头及肩胛部位。将肩胛部位放在布馒头上，将干、湿两块水布放在上面熨烫，随后将湿布拿掉，在干布上熨烫，把潮气烫干。烫袖山头处，一定要将袖山压圆，烫平，使袖山头饱满圆顺。

（4）烫胸部、前肩：烫胸部和前肩时要放在布馒头上一半一半地熨烫。注意大身丝缕的顺直，胸部饱满，使胸部无瘪落现象，肩头平挺窝服，符合人体造型。

（5）烫吸腰及袋口位：烫吸腰处一定不能起吊，直丝一定要向止口方向推弹。烫袋口部位时，要注意袋盖条格与大身相对称以及袋口位的胖势。要放在布馒头上，同烫胸部一样，一半一半地熨烫。制作时两袋角丝缕很容易凹进，所以烫袋时要把袋角丝缕向外拉出一些。

（6）烫摆缝：烫摆缝时必须将摆缝放平、放直。注意摆缝不能拉还。

（7）烫后背、背胛处：烫后背缝时，腰节处要略拔开一些，但在后背宽处侧面要略微归拢一些。烫背胛部时，放在布馒头上整烫。注意背胛部横、直丝缕，使背部更贴合人体。

（8）烫底边：首先烫底边的反面，要使反面底边夹里的坐势宽窄保持一致。再将底边翻转正面，放在布馒头上，一段一段地熨烫，熨烫之后使底边里外均匀。

（9）烫前身止口：将止口朝自己身体一侧放在桌板上。先烫挂面和领面一侧，要使止口薄、挺，不可反吐。

（10）烫驳头、领头：将驳头放在布馒头上按驳头样板或线钉，翻转烫煞。注意驳口线的弯势，防止拉还而影响造型。驳口线烫至驳头长的 2/3，留出 1/3 不要烫，以增加立体感。

（11）烫里子：翻转至反面，将夹里起皱的部位，用熨斗轻轻烫平。

24．质量要求

（1）成品规格正确，各部位的误差要在允许的范围内；外形美观挺括，条格花型对准，左右两边对称和合。

（2）衣领服帖，驳头与领角窝服，串口顺直，里外平薄。

（3）肩头平服，中间略有凹势，外口呈翘势。

（4）大身丝缕顺直，胸部饱满，吸腰自然，省尖位置正确，长短进出应左右对称，止口平薄，下摆圆角窝服，大袋处略有胖势，有立体感。

（5）袖子圆顺，袖山饱满，吃势均匀，提伸自然。

（6）后背方登，摆缝正直不涟、不吊。

（7）里子无水印、烫污，与衣身服帖，平服并略有层势。

（三）男西服质量标准

1．外观质量检验

（1）外观无线头、线钉、污渍、色差，粘衬各部位不起泡、不渗胶、不脱胶。

（2）衣身面、里、衬松紧适宜，外观自然。

（3）领型左右对称，领尖、驳角服帖，领嘴大小一致。

（4）领窝圆顺、平服，领尖与串口线连接顺直，定缝平整。

（5）绱袖圆顺、饱满，吃势均匀，两袖前后长度一致。

（6）袖衩长短、大小一致，袖扣两边对称。

（7）衣身胸部饱满、挺括自然、位置适宜对称，门里襟长短一致，止口顺直，不搅不豁。

（8）省缝顺直、平整、左右对称、长短一致，左右大袋前后、高低对称，嵌线宽窄一致，袋口方正，无毛边冒出。

（9）垫肩平服，肩缝自然固定，左右对称。

（10）后身平服、不起吊，若有开衩则要求平服、顺直、不豁不搅不翘，开衩长短符合标准。

（11）各部位熨烫平整，无极光、水花、烫迹、印痕。

2．衣里质量检验

（1）主标、洗涤标、号型位置正确。洗涤标一般固定在里袋下方，也可固定在左侧衣里缝中，距离底边 20 cm 左右。

（2）里袋、烟袋（卡片袋）袋口大小、长短符合标准。

（3）套结袋口、袋布固定，挂面缝固定。

（4）衣里、袖口里无下垂外露。

浅灰色单扣套装　　　深灰色双扣套装

3．产品规格检验（图 5-65）

（1）衣长误差不大于 1 cm。

（2）胸围误差不大于 2 cm。

（3）领大误差不超过 0.6 cm。

（4）总肩宽不超过 0.6 cm。

（5）袖长误差不超过 0.7 cm。

藏青单扣套装　　　藏青双扣套装

图 5-65　男西服套装

4．经纬纱向规定

（1）前身：纱向以领口宽线为准，不允许歪斜。

（2）后身：经纱以腰节下背中线为准，偏斜不大于 0.5 cm，条格面料不允许偏斜。

（3）袖子：经纱以前袖缝为准，大袖片偏斜不大于 1.0 cm，小袖片偏斜不大于 1.5 cm，特殊工艺形式除外。

（4）领面：纬纱偏斜不大于 0.5 cm，条格面料不允许偏斜。

（5）袋盖：与大身纱向保持一致，斜料左右对称。

（6）挂面：以驳头止口除经纱为准。

5．对条、对格要求（面料明显的条格，在 1.0 cm 以上适用，特殊工艺设计除外）

男西服对条、对格规定见表 5-3。

表 5-3　男西服对条、对格规定

序号	部位名称	对条、对格规定
1	左右衣身	条格对条，格料对横，左右互差不大于 0.3 cm
2	手巾袋与前身	条格对条，格料对横，互差不大于 0.2 cm
3	大袋与衣身	条格对条，格料对横，互差不大于 0.3 cm
4	袖与前身	袖肘线以上与衣身格料对横，互差不大于 0.5 cm
5	袖缝	袖肘线以下后袖缝格料对横，互差不大于 0.3 cm
6	背缝	以上部为准，条料对称，格料对横，互差不大于 0.2 cm

序号	部位名称	对条、对格规定
7	背缝与后领面	条料对齐，互差不大于 0.2 cm
8	领子、驳头	条格料左右对称，互差不大于 0.2 cm
9	侧缝	袖窿以下 10 cm 处格料对横，互差不大于 0.3 cm
10	袖子	条格顺直，以袖山为准，两袖互差不大于 0.5 cm

6．缝制针距密度规定

常规男西服针迹密度要求见表 5-4。

表 5-4　常规男西服针迹密度要求

序号	项目		针迹密度	备注
1	明暗线		11 ~ 13 针 /3 cm	—
2	包缝线		不少于 9 针 /3 cm	—
3	手工线		不少于 7 针 /3 cm	—
4	三角针		不少于 5 针 /3 cm	以单面计算
5	锁眼	细线	12 ~ 14 针 /cm	—
		粗线	不少于 9 针 /cm	—
6	钉扣	细线	不少于 8 根线 / 孔	缠脚线高度与止口厚度相适应
		粗线	不少于 4 根线 / 孔	
7	手拱止口 机拱止口		不少于 5 针 /3 cm	—

任务三　西服马甲制作工艺

学习目标 掌握西服马甲制版知识和技能（规格设计、制图、放缝份、排料、制作），熟悉从样板到成衣制作每个程序的方法和要求，掌握缝制工艺流程、方法、质量要求。

知识要点 马夹面料选择、规格设计、排料画样、制作方法与工序和质量标准。

技能要点 做袋、做夹里、做领腰带等不同制作环节的方法、技巧。

素质要点 工作中态度严谨，积极认真，不断进取，注意细节，精益求精，自觉遵守职业道德和职业规范。

马甲也称背心或坎肩。自 20 世纪初，英国国王爱德华七世建立了西方男性正装着装的规范后，西服三件套的形制被确立下来，西服马甲便成为男性日常生活中常见而又较为正式的着装之一，既可以与西服配套穿着，又可与衬衫做搭配。作为西服的必备品，马甲的造型发生着微妙的变化，而选料和工艺更加精美。

一、西服马甲纸样设计与裁剪

（一）款式说明

本款西服马甲胸围加放量为 10 cm，属合体类型。前门襟为 V 字领，单排 5 粒扣，前下摆尖角，设两腰开袋、左胸上开手巾袋，前身收省，左右侧片开衩。后背开背缝，收腰省、束腰带。穿着时往往不是把所有的纽扣全部扣上，要留出最下端一粒纽扣不扣。前身面料同西服，后背面料、里料均采用缎纹料制作。西服马甲款式如图 5-66 所示。

图 5-66　西服马甲款式

（二）男西服马甲规格设计

男西服马甲结构工艺选用号型：170/88A。

男西服马甲的规格设计见表 5-5。

表 5-5　男西服马甲的规格设计　　　　　　　　　　　　单位：cm

部位	规格	设计依据
衣长	60	0.3 号 +9
腰围	98	净胸围 +10
小肩宽	10	

（三）男西服马甲用料准备与排料

1．用料准备

（1）面料：面料幅宽为 90 cm，采用双幅排料，用料长度：前衣长 +15 cm，后片及夹里使用幅宽为 144 cm 或 150 cm 的缎纹料，用料长度：后衣长 +30 cm。

（2）其他材料：有纺衬、无纺衬（用于袋口、牵条等）若干，口袋布 50 cm，直径 1.6 cm 的纽扣 5 颗，直径 1 cm，腰带扣 1 个，面料对色线 1 轴以及缝纫工具等。

2．结构图与排料图

（1）马甲结构图如图 5-67 所示。

（2）马甲挂面、贴边与夹里裁剪图如图 5-68 所示。

（3）排料图如图 5-69 所示。

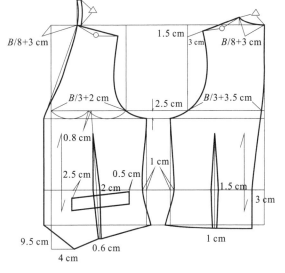

图 5-67　马甲结构图

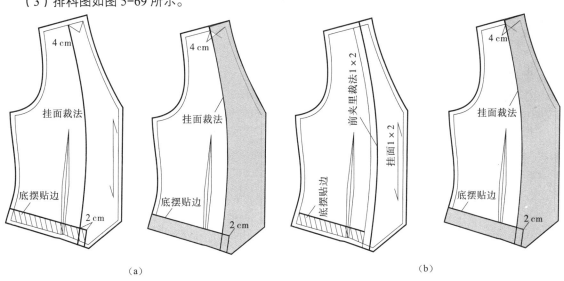

（a）　　　　　　　　　　　　　　　　　　　　　（b）

图 5-68　裁剪图

（a）马甲挂面、贴边裁剪图；（b）夹里裁剪图

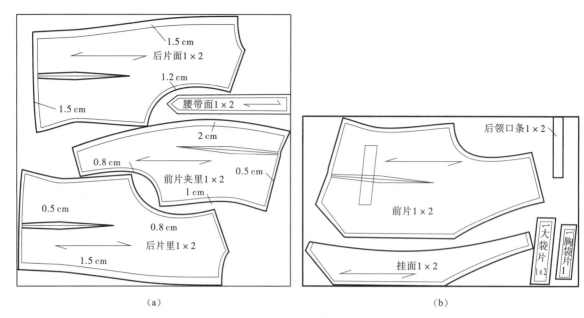

1.5 cm
后片面1×2
1.2 cm
1.5 cm
腰带面1×2
2 cm
0.8 cm
前片夹里1×2
0.5 cm
1 cm
0.5 cm
后片里1×2
0.8 cm
1.5 cm

后领口条1×2

前片1×2

大袋片1×2

胸袋片1

挂面1×2

(a)　　　　　　　　　　　　　　(b)

图 5-69　排料图

(a) 马甲面排料图；(b) 马甲里排料图

二、西服马甲工艺设计与制作

（一）缝制工艺流程

西服马甲如图 5-70 所示，西服马甲的缝制工艺流程如图 5-71 所示。

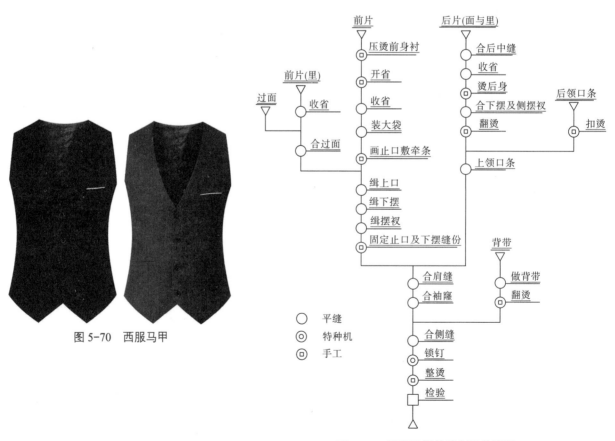

图 5-70　西服马甲

前片
压烫前身衬
开省
收省
装大袋
画止口敷牵条
缉上口
缉下摆
缉摆衩
固定止口及下摆缝份

前片(里)
收省
合过面

过面

后片(面与里)
合后中缝
收省
烫后身
合下摆及侧摆衩
翻烫
上领口条

后领口条
扣烫

合肩缝
合袖窿

背带
做背带
翻烫

合侧缝
锁钉
整烫
检验

○　平缝
◎　特种机
▣　手工

图 5-71　西服马甲的缝制工艺流程

（二）缝制工艺

1．做缝制标记

在以下部位打线钉或打剪口：省位、袋位、扣眼位、下摆贴边宽、摆位衩、腰节部位。

2．粘衬

将有纺衬置于前身面料的反面，边位对齐，用粘合机粘实。粘合后的面料要保持挺括和柔软，不可有起泡或脱层现象，如图5-72所示。

3．做省

（1）开省：在前身反面画腰省位，沿着省中线开剪，从下摆开始到距省尖4 cm处结束，如图5-73（a）所示。

（2）收省：沿开剪线（省中线）对齐腰省，缉缝腰省，完成后腰省大小与形状符合要求，省尖保留3～4 cm线尾，以免线尾脱散，省尖要尖，如图5-73（b）所示。

（3）烫省：用熨斗劈烫省位，如果腰省量比较大，腰节处会不平服，可在此处的腰省缝份上打剪口，消除紧绷现象。省尖处可插入针尖熨烫，向两边等量烫平，如图5-73（c）所示。

图5-72　粘衬

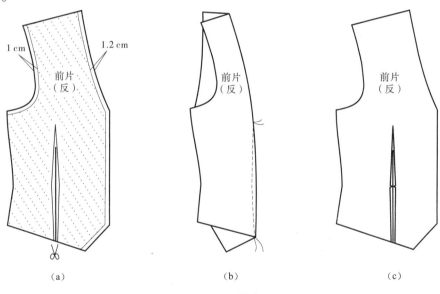

(a)　(b)　(c)

图5-73　做省

（a）开省；（b）收省；（c）烫省

4．开袋

（1）贴有纺衬：在袋片反面粘贴有纺衬，有纺衬的规格同大袋的各规格如图5-74所示。

（2）扣烫：把袋片两侧的缝份先扣净，再把上方的缝份向下扣净、扣直。两侧的缝份需要将上面部分剔除一些，以使袋角薄而平整，如图5-75所示。

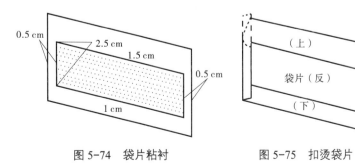

图5-74　袋片粘衬　　　图5-75　扣烫袋片

（3）装上袋布：如图 5-76 所示，将上袋布与袋片的上缝份缉合，再翻折袋布，在袋布上压缉 0.1 cm 明线，不需倒针加固。

（4）缉缝垫袋：将垫袋下缝份扣烫 0.5 cm 折边，再将其上缝份与下袋布上缘对齐，沿下折边，以 0.1 cm 明线缉于下袋布上，不需倒针，如图 5-77 所示。

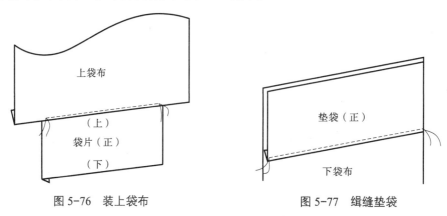

图 5-76　装上袋布　　　　　　　　　　图 5-77　缉缝垫袋

（5）缉袋口线：如图 5-78 所示，将袋片置于袋口下线，缉缝袋口下线；然后将下袋布的垫袋置于袋口上线，掀起下袋布，缉缝袋口上线，缉缝时，两行缝线要保持平行，间距为 1.2 cm，且袋口上线两端各比袋口下线两端缩进 0.2 cm。

（6）开袋口：如图 5-79 所示，在两行袋口缝线中间，将袋口剪开，两边剩余 0.8 cm 剪三角位，并将袋布翻到衣片反面。

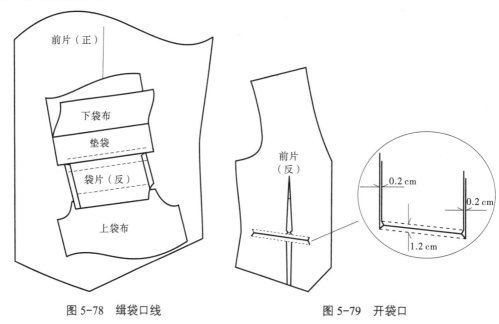

图 5-78　缉袋口线　　　　　　　　　　图 5-79　开袋口

（7）固定袋口止口：将下袋布放平，把垫袋与前衣身止口劈缝，置于下袋布上，沿劈缝线缉 0.1 cm 明线两道，固定袋口线，如图 5-80（a）所示。再把袋片下缝份与前衣身止口劈缝，将前衣身止口和上袋布用暗线缉缝，如图 5-80（b）所示。

（8）封袋布：如图 5-81 所示，将前片掀起，以 1 cm 止口缉缝袋布三边，缉缝时，止口要均匀，头尾倒针加固。

（9）缉袋角：如图 5-82 所示，将袋片摆平，袋角的三角位毛边也摆平不外露，用 0.1 cm 和 0.6 cm 明线缉缝"门"字形袋片边位。缉缝时一定要封住三角位毛边，且保持袋片平服。

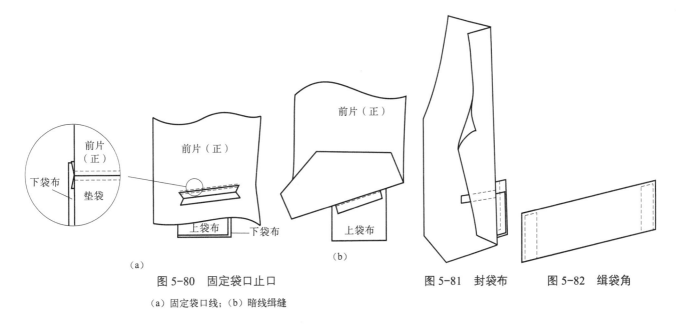

图 5-80　固定袋口止口　　　　　　图 5-81　封袋布　　图 5-82　缉袋角

（a）固定袋口线；（b）暗线缉缝

5．做前身夹里

（1）收省：缉省，再用熨斗做倒缝烫，倒向侧缝。

（2）合过面：过面与夹里正面相对，按 1 cm 缝份合缉，距下摆贴边 2 cm 处为止。

6．装前身夹里

（1）敷牵条：按净样画出前片的止口、下摆线、袖窿，用 1 cm 宽直纱牵条从上至下烫帖于止口及下摆的净线内 0.1 cm 处，其松紧程度要分段掌握，领口和尖角两端牵条略紧些，其余部位平服。袖窿敷斜纱牵条，同样沿净线内 0.1 cm 处烫帖牢固，袖窿牵条应略紧些，如图 5-83 所示。

（2）缉止口：先将过面与前片正面相对，对齐止口用手针擦定，再将大身置于上层，沿止口线缉线，过面吃势，如图 5-84 所示。

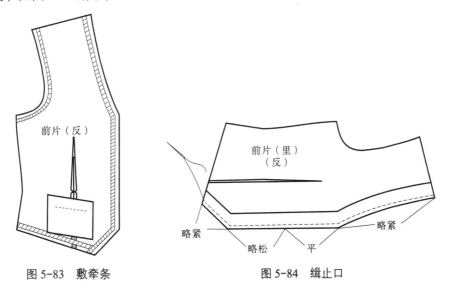

图 5-83　敷牵条　　　　　　　　　图 5-84　缉止口

（3）烫止口：把止口缝份修剪成梯形，面留 0.5 cm，过面留 0.8 cm，下摆尖角处只削 0.2 cm 缝份以减少厚度。将缝份都向前片扣烫，且扳进 0.1 cm，烫实、烫薄。

翻出正面烫止口，面吐出 0.1 cm。将下摆贴边扣折烫实，里子贴边距底边 1 cm 处扣烫好。

（4）净夹里：对照面料修剪夹里，袖窿处比面料小 0.3 cm，侧缝与肩缝处与面料相同，如图 5-85 所示。

（5）缉下摆：将下摆贴边与夹里缉合。

（6）缉摆衩：在侧缝处，以前片下摆净线为对称线，对齐面、里料，按1 cm缝份合缉3.5 cm长，并横向缉住缝份，再从45°方向斜向上打一剪口，如图5-86所示。

（7）固定止口、下摆缝份：把止口及下摆缝份用三角针法固定于有纺衬及面料上，线迹不可透过面料。其中，止口缝份自肩缝以下7 cm范围内不加以固定，如图5-87所示，再将衣身翻到正面。

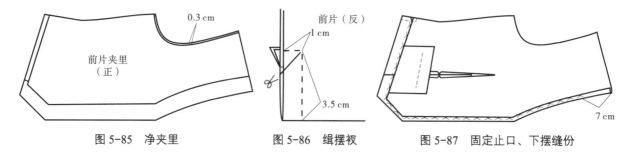

图5-85　净夹里　　　　　图5-86　缉摆衩　　　　图5-87　固定止口、下摆缝份

7．做后背

（1）合背缝：分别将面与夹里的两个后片正面相对，对齐后中缝，以1 cm止口缉缝。

（2）收省：分别将面与夹里的腰省缉缝，其省位及大小要统一。

（3）整烫后身：夹里、面的腰省缝全部倒向侧缝，烫倒。夹里、面层的后中缝如图5-88所示，进行熨烫，完成后倒缝方向刚好相反。同时里层的后中缝留出0.5 cm松量，而面层的后中缝不留余量。

（4）合下摆及摆衩：将后片面与里正面相对，对齐底边，合缉U形下摆及摆衩，如图5-89所示。再翻烫，下摆面吐出0.1 cm。

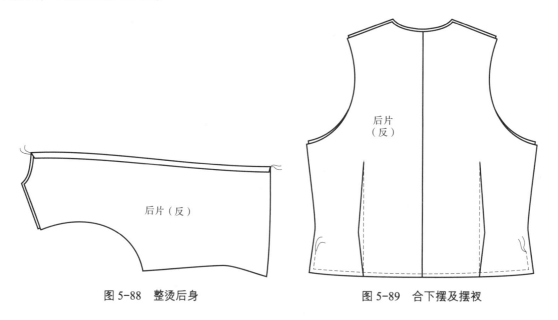

图5-88　整烫后身　　　　　　　图5-89　合下摆及摆衩

（5）净夹里：对照面层修剪夹里，袖窿处比面小0.3 cm，侧缝、肩、领口均与面相同。

（6）上领口条：将后领口条对折烫好，在折线侧归烫，开口侧拔烫，将直领烫弯。把归拔好的后领分别与面和里的领窝合缉，缝份1 cm，并将缝份打剪口，扣烫，倒向里料侧，如图5-90所示。

8．合肩缝

如图5-91所示，将前后片的肩部摊开，正面相对，合缉肩缝。注意后领口条宽度中点与前止口点对正。在图中"△"部位打剪口。烫肩缝，两个剪口之间劈缝烫，其余部位缝份都向后片烫倒。

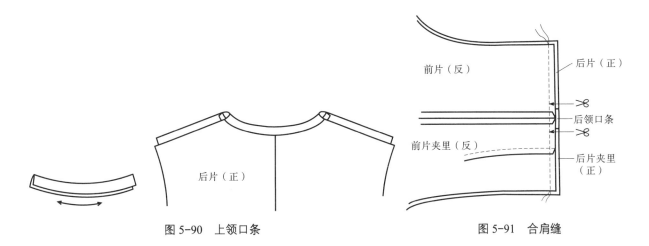

图 5-90　上领口条　　　　　　　　图 5-91　合肩缝

9. 合袖窿

如图 5-92 所示，将袖窿处里、面料对齐，合缉袖窿。注意缉线圆顺。然后在前后袖窿下半部分均匀打剪口，再将袖窿缝份向面层扳进 0.1 cm 扣烫，用十字花绷针法将前片袖窿的缝份固定于有纺衬上。翻出正面袖窿后，面要吐出 0.1 cm，将袖窿止口烫实。

10. 装腰带

（1）做腰带：后腰带为两根，左侧略长，要做宝剑头，右侧腰带装腰带扣。车缝之后，分缝烫平，翻出正面，如图 5-93 所示。

（2）装腰带：将腰带缉装在后背面子的腰节部位，上下均压缉一道 0.1 cm 明线，到省缝处截止，如图 5-94 所示。

11. 合侧缝

将后背翻到反面，把前片侧缝塞入后片侧缝中，四层侧缝对齐、对准，以 1 cm 缝份合缉。左侧缝只缉合上下两端，在中部 10 cm 的长度内将后身夹里掀开缉缝三层缝份，留出翻身开口，如图 5-95 所示。

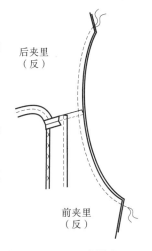

图 5-92　合袖窿

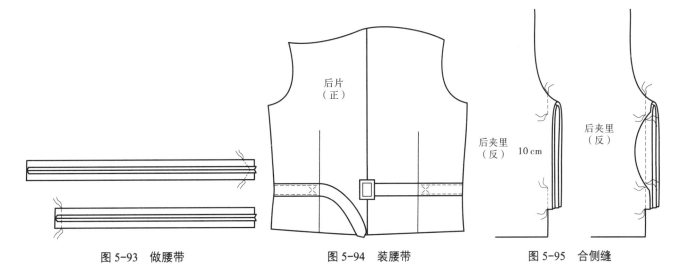

图 5-93　做腰带　　　　图 5-94　装腰带　　　　图 5-95　合侧缝

12. 锁钉

（1）做手针：把过面下端及侧缝处开口用手针缭牢，要使用与面料和里料同色的缝纫线。

（2）锁眼：在左边门襟，按均匀间距，距门襟边位 1 cm，锁横眼 5 个，均为圆眼。

（3）钉扣：扣位按前中心线居中，同距，高低与扣眼保持一致，在左侧里襟钉扣5粒，扣柄高0.3 cm。

13. 整烫

（1）熨烫夹里：将前片正面平放在烫台上，熨烫挂面、下摆、内侧和里子等。

（2）烫前身：将马甲正面向上，胸部下面垫布馒头，上盖干、湿水布，将丝绺归整烫顺烫平。

（3）烫袖窿：袖窿下垫上布馒头，上盖干、湿水布，将袖窿、摆缝烫顺烫挺。

（4）烫肩部后身：下垫布馒头，上盖干、湿水布，将肩缝烫顺、烫挺，把后背大身烫平。

（三）男西服马甲质量标准

1. 缝制标准

（1）领口圆顺平服，不松不紧。门襟边口顺直，不搅不豁。

（2）袋口角度、位置准确，四角方正，左右对称，条格对准，不松不紧。

（3）面里衬服帖，丝绺顺直，胸省、腰省顺直，高低前后位置一致。

（4）袖窿平服，左右一致，肩头平服，丝绺顺直，小肩左右对称。

（5）后背平服，背缝顺直，摆衩高低、长短一致。

（6）锁眼钉扣位置准确，锁眼整齐，纽扣绕脚高低一致。

2. 规格检验

马甲规格检验要求见表5-6。

表5-6 马甲规格检验要求

序号	部位名称	测量方法	差值范围
1	衣长	由前肩缝最高点的一端量至前下摆的尖角位	不超过1 cm
2	胸围	扣好纽扣，前后身摊平，在夹底处横量一周	不超过1.5 cm
3	小肩宽	由肩缝最高点的一端量至另一端	不超过0.5 cm

思考与训练

1. 男西服一般分为哪些种类？它们都使用什么面料？

2. 男西服一般使用哪些辅助用衬？它们都起到什么作用？

3. 男西服的里料和衬料如何放份裁剪？

4. 男西服的工艺流程怎样分解？

5. 能进行男西服部件（手巾袋、大袋、里袋、笔袋、开衩、袖衩）的准确裁配。

6. 部件制作训练：手巾袋（规格10.5 cm）、双嵌线大袋（长15.5 cm，宽5 cm）、里袋（长13.5 cm，宽0.8 cm单牙/0.5 cm双牙）、袖开衩、背开衩等，经过多次训练达到质量要求。

7. 独立完成男西服的制作。

8. 男西服马甲一般使用什么面料？

9. 进行男西服马甲面料、里料的裁剪。

10. 男西服马甲的工艺流程怎样分解？

11. 能按照男西服马甲部件（手巾袋、大袋）的准确规格进行裁配。

12. 部件制作训练：制作男西服马甲手巾袋（长10.5 cm，宽2 cm）、单嵌线大袋（长15.5 cm，宽2 cm），经过多次训练达到质量要求。

13. 独立完成男西服马甲的制作。

14. 掌握男西服马甲的工艺制作标准。

在线检测

拓展阅读

一、西服生产中的工艺样板

西服、马甲等成衣生产过程中，为保证产品号型规格的准确性、外形的一致性，不但需要准备正确的裁剪样板，还需准备不同的工艺样板，便于在缝制过程中对衣片、半成品的某些关键部位进行衡量、对照、质量控制。工艺样板可使用硬纸板，现代服装中多使用模板机制作。工艺样板按照用途的不同分为以下几种：

（1）修正样板：对衣片变形后依照裁剪样板进行整体或者局部修正的工艺样板，如衣片的丝缕和条格产生变形等。为保证丝缕条格归位后恢复原来形状，在画样裁剪时将衣片放大裁剪，留出修正余地。

（2）定型样板：在制作过程中，对于某些重要且较小的部件外形、规格进行严格控制的一种工艺样板，即净样板。定型样板主要用于领子、袖头、口袋等零部件。其一般分为三类：

① 画样板：多用于止口翻边部位，使用时在毛样的止口部位按定形样板画出净样止口线条，作为缉线时的指示。其主要有驳头门襟画样板、翻领画样板、袋盖画样板，如图5-96所示。

② 扣烫板：用于止口部位单缉明线或对止口、形状和尺寸要求较高的部位，如贴袋、嵌线、手巾袋等。使用时将烫板放在裁片中间，四周留有缝份，用熨斗将缝份按烫板形状折光扣到烫平，保证产品的规格形状、大小一致。

③ 定位样板：在半成品或基本成品中确定某些如袋位、扣眼位、省位等重要位置的样板。其主要用于不易钻眼的服装面料或者外观质量要求很高的高档成衣。定位样板包括净样板、毛板两种。对于衣片或半成品中的定位通常使用毛样板，如袋位、省位定位板。对于成品中的定位往往使用净样板，如图5-97和图5-98所示。

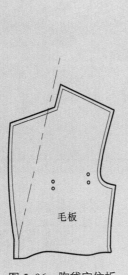

图5-96　胸袋定位板

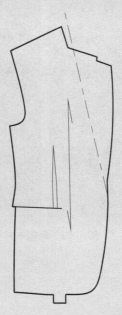

图5-97　门襟驳头画线净板

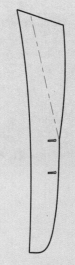

图5-98　扣眼位定位板

二、关于西服定制

　　现在市面上的西服主要有三类：成衣、半定制和定制。成衣是由现代化工业大批量生产，然后在商场、网络渠道售卖的成品。半定制西服是在简单西服的基础上，根据客户的身型进行剪裁。定制西服指客户对西服的款式、面料、剪裁、细节都可以提出要求，也称为私人订制。西服定制的流程一般可分为四部分：一为确定款式、面料、量身；二为西服定制师制作毛坯，供顾客试穿；三为第二次试穿，以确保合身；四为最终调整，形成最终的成品。由于定制西服的款式、面料等都可以自行选择，基本上采用手工缝制，每一个步骤定制师都需要注入很大的精力，故价格都比较高。定制的西服更加合身，能将身型、个人气质更好地展现出来，在细节上的处理也会比普通西服要细致，深入人心，使西服看起来更为精致，因此受到越来越多消费者的青睐（图5-99至图5-102）。

✂ 定制展示 ✂

单人单版量身剪裁　多种款式任选

图 5-99　定制一样宣

图 5-100　定制—选面料

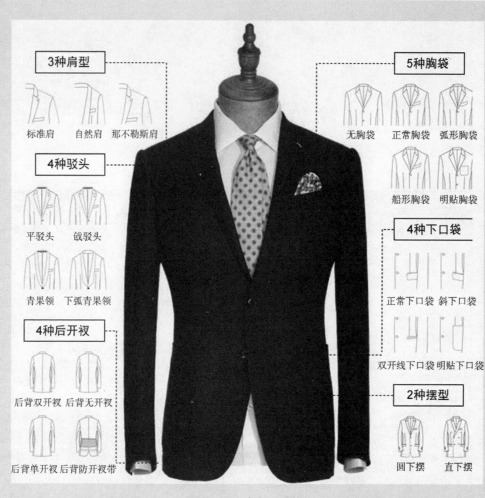

图 5-101　定制—选款

3种肩型：标准肩　自然肩　那不勒斯肩

4种驳头：平驳头　戗驳头　青果领　下弧青果领

4种后开衩：后背双开衩　后背无开衩　后背单开衩　后背防开衩带

5种胸袋：无胸袋　正常胸袋　弧形胸袋　船形胸袋　明贴胸袋

4种下口袋：正常下口袋　斜下口袋　双开线下口袋　明贴下口袋

2种摆型：圆下摆　直下摆

西服外套　　　大衣　　　裤子

衬衣　　　皮鞋

图 5-102　定制—搭配

项目六 ✂
风衣、大衣工艺设计与制作

　　大衣是穿着在所有衣服之外的服装，具有防风、防寒、防尘等功能，可按其用途、造型、材质的不同进行分类。大衣按款式分类，如派克大衣、圆摆大衣等；按用途分类，如风衣、雨衣、秋冬大衣、防寒大衣、军用大衣、制服大衣等；按造型分类，如茧型大衣、箱型大衣、直摆大衣等；按材质分类，如羊绒大衣、皮革大衣、棉大衣、裘皮大衣等；按工艺分类，如单层大衣、带夹里大衣、两面穿大衣等。男式大衣通常选择毛呢面料，多为翻领、驳领，单排扣或双排扣，造型多为直线形，外观简洁大方、实用，凸显男性宽厚、阳刚之气。女式大衣也多采用比较厚重的面料，因此总体造型仍以简洁流畅为主，总体来说更受流行因素和穿着场合影响，通过各部位的不同设计营造出变化多端、形式多样的各种大衣。

　　风衣可以视为大衣的分支，其历史已有百年，起源于第一次世界大战时战场的军用大衣，被称为"战壕服"。其款式特点是前襟双排扣，右肩附加裁片，开袋，配同色料的腰带、肩襻、袖襻，采用装饰线缝。第一次世界大战后，这种大衣曾先作为女装流行，后来有了男女之别、长短之分，并发展为束腰式、直筒式、连帽式等形制，领、袖、口袋以及衣身的各种分割线条也形式不一，风格各异，面料的色彩选择空间很大，符合不同的审美习惯和着装品位，实用型很强，兼有保护上衣和装饰作用，多于春秋季节穿用。

任务一　风衣、大衣基础知识

学习目标　了解风衣、大衣常用面料和放松量。

知识要点　面料选择、放松量确定。

技能要点　风衣、大衣放松量的确定。

素质要点　具有良好的审美意识、正确的艺术观和价值观，树立热爱行业、积极进取的职业精神和精益求精的品质。

一、风衣的面料选择

　　风衣用料多样，高、中、低档面料均可。男士风衣一般春秋季穿用。面料通常选用精梳棉加涤纶的面料。比例可以是 60 棉 /40 涤纶，或者是 80 棉 /20 涤纶。由于棉质地柔软，因此如果用全棉的面料，造型性会较差，如领部无法挺立，容易变形。女士风衣用料以锦棉为主，锦棉是由聚酰胺纤维（锦纶）丝和纯棉纱在喷气织机上交织而成的，是制作休闲装、时装、风衣等的理想用料。户外风衣常用涂层尼龙或涂层涤纶，尼龙是锦纶的一种说法，可制成长纤或短纤。休闲风衣一般以棉为主，其优点是轻松保暖，柔和贴身，吸湿性、透气性甚佳。

二、大衣的面料选择

男大衣通常选用弹性好，有一定重量感、光泽柔和、外观丰满挺括、耐磨抗起球、保暖性能好的中厚或厚重的纯毛精纺、粗纺机织物和毛混纺精、粗机织物和纯化纤仿毛呢机织物，如华达呢、麦尔登呢、大衣呢、海军呢、粗纺花呢羊绒等。女式大衣常用面料有羊绒、华达呢、毛涤花呢、法兰绒等。

三、风衣、大衣类型的放松量

风衣、大衣的放松量在量体尺寸上进行适当的加放，根据实际情况进行适当的调整（表 6-1）。工业生产中按照中间体进行成衣规格设计。

表 6-1　风衣、大衣类型与放松量的关系　　　　　　　　　　　　　　单位：cm

部位 类型	肩宽	胸围
男风衣、大衣	1 ~ 2	16 ~ 20
女风衣、大衣	1 ~ 2	12 ~ 18
注：根据款式进行调整		

任务二　男风衣制作工艺

学习目标　掌握男风衣制版知识和技能（规格设计、制图、放缝份、排料、部件裁剪、制作），熟悉从样板到成衣制作每个程序的方法和要求，掌握缝制工艺流程、方法、质量要求。

知识要点　规格设计、排料划样、制作方法与工序和质量标准。

技能要点　做袋、做暗门襟、做领、做插肩袖等不同制作环节的方法、技巧。

素质要点　学习工作中爱岗敬业，勇于创新，具有安全操作和质量意识，能自觉遵守职业道德和行为规范。

一、男风衣纸样设计与裁剪

（一）款式说明

本款男风衣胸围加放量为 20 m，较为合身，H 廓形，可套穿于西服或毛衫外面，正式并带点休闲风格，非常实用。前开口暗门襟，内有 5 粒扣，上端 1 粒明扣，其余为暗扣；左右前身各有一个斜插袋；小圆角翻领；插肩袖，近袖口处有袖牌，袖牌上有纽扣；止口、袖中缝、前后袖窿端、背缝等处缉明线。其款式如图 6-1 所示。

图 6-1　男风衣款式

（二）男风衣的规格设计

男风衣结构工艺选用号型：175/92A。

男风衣的规格设计见表 6-2。

表 6-2　男风衣的规格设计　　　　　　　　　单位：cm

部位	规格	设计依据
后中长	84	0.4 号 +5
胸围	112	净胸围 +18
腰围	94	胸围 −12
肩宽	48	0.3 胸围 +14.2
袖长	60	0.3 号 +8

（三）男风衣用料准备与排料

1. 用料准备

（1）面料。面料幅宽为 144 cm，双幅排料；用料量：衣长 + 袖长 +15 cm。如果胸围超过 116 cm，用料长度：2 衣长 +10 cm。条格面料另外加上 2 ～ 3 个完整格。

（2）里料。里布一般用涤塔夫，是涤纶长丝织造，外观上光亮，手感光滑，可以是素色的，也可以是印花的，有时也可用作面料；用料量：衣长 + 袖长 +5 ～ 10 cm。

（3）衬料。

① 有纺衬：用于衣身、袖片、领片等部位；用料量：衣长 +20 cm。

② 牵条衬：用于服装制作中容易变形的部位，如袖窿、插肩袖分割线、底摆、领口、驳口线、门襟止口线等部位。牵条衬分直纱和斜纱两种，需要 1 cm 宽直条衬大约 5 m，1 cm 宽斜条衬约 3 m。

③ 胸衬：使风衣衣身胸部造型饱满挺括，采用机缝工艺，按照一定的尺寸和形状缝合在一起，保证成衣胸部造型，女风衣直接前片粘合有纺衬。

（4）其他材料：直径 2.3 cm 纽扣 7 粒，口袋布 50 cm，面料同色缝纫线以及其他缝纫工具等。

2. 结构图与排料图

（1）男风衣结构图（图 6-2）。

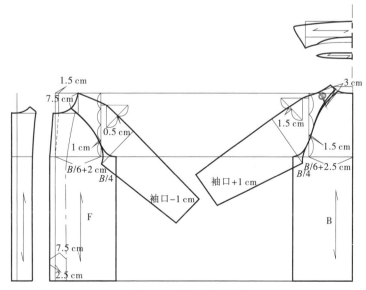

图 6-2　男风衣结构图

（2）男风衣排料图（图6-3）。

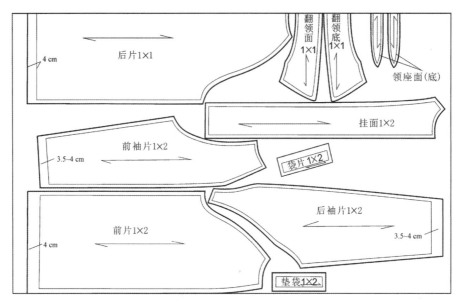

图6-3　男风衣排料图

三、男风衣工艺设计与制作

（一）缝制工艺流程

男风衣缝制工艺流程如图6-4
所示。

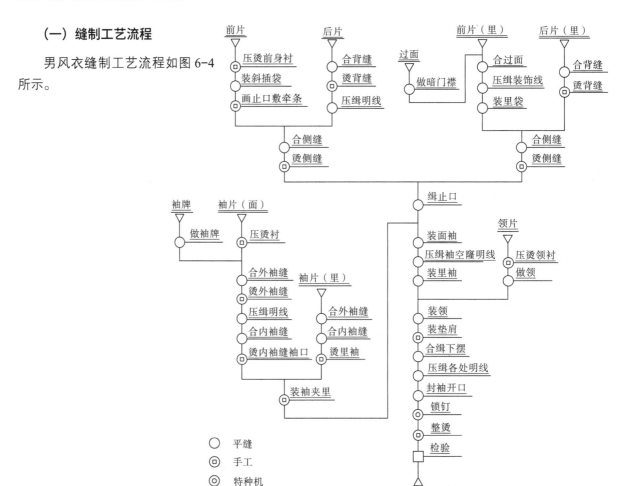

图6-4　男风衣缝制工艺流程

（二）缝制工艺

1．做缝制标记

在以下部位打线钉或打剪口。

前片：前中心装领位、袖窿装袖对位、斜插袋位、扣位、下摆贴边。

过面：暗门襟位、里袋位。

后片：后中线、下摆贴边。

袖片：外袖缝对位、袖窿对位、袖牌位、袖口贴边。

领片：翻领与底领的对位、领下围的后中点及肩缝对位处。

2．粘衬

粘合衬的使用有助于保持面料的平挺。从织造方法上大体可将其分为有纺衬和无纺衬两类，相比较而言，前者可使面料显得有弹性、不死板。因此，合理使用粘合衬能够让成衣外观挺括、立体感强，并具有良好的保型性。

如图6-5所示，将裁剪好的有纺衬置于面料的反面，边位对齐，通过粘合机将衬粘实，要确保粘合之后无起泡、脱层或叠折现象，以保持面料的平整、挺括。需要全部粘合有纺衬的部位有过面、领面、领里、斜插袋及里袋的嵌线；需在局部粘有纺衬的部位；有前片斜插袋之前的部位；下摆贴边、斜插袋位、后片的下摆贴边；袖片的肩端点以上部位，袖口贴边。

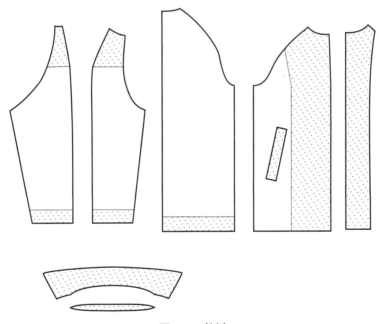

图6-5　粘衬

3．做面

（1）净前片。按照生产样板，在前片反面画出净线线迹，然后修剪样板：止口处留0.5 cm缝份，下摆处留4 cm，其他各处留1 cm。

（2）装斜插袋。

① 做斜插袋嵌线：沿斜插袋嵌线面的中线用珠边机的仿手针线迹车一道装饰线，然后沿嵌线的止口进行扣烫，如图6-6所示。

② 缉袋口线：如图6-7所示，将嵌线置于袋口下线，嵌线面与衣片正面相对缉缝袋口下线；将垫袋置于袋口上线，缉缝袋口上线。缉缝时，两条缝线要保持平行，间距恰好为斜插袋嵌线的宽度。缝线的两端都要以倒针加固。

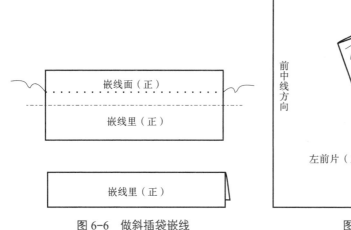

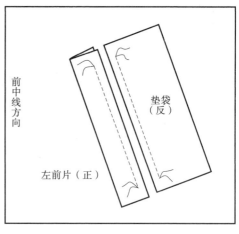

图 6-6　做斜插袋嵌线　　　　　　　　　　图 6-7　缉袋口线

③ 开袋口：如图 6-8 所示，在两行袋口缝线中间，将袋口剪开，两边剩余 0.8 cm 剪三角位，注意不要剪到嵌线及垫袋，然后将嵌线及垫袋翻进前衣片反面。

④ 钉袋布：如图 6-9 所示，将上袋布与嵌线的缝份缉合，再在袋布正面压缉 0.1 cm 明线。将下袋布与垫袋的缝份缉合，并在袋布正面压缉 0.1 cm 明线。

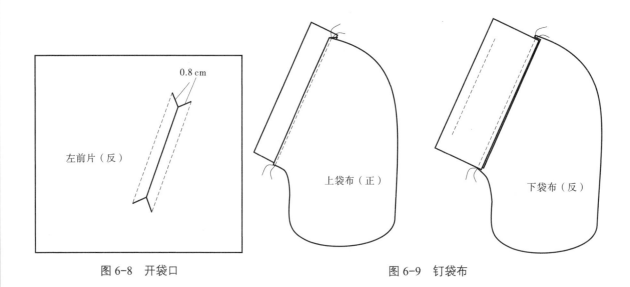

图 6-8　开袋口　　　　　　　　　　　　图 6-9　钉袋布

⑤ 封三角：将前衣片掀起，把袋角的三角形毛边折向衣身内部，摆平嵌线，在三角形的根部，车缝来去针三道，注意两处封三角的缉线都要尽量靠近三角形根部，如图 6-10 所示。

⑥ 封袋布：如图 6-11 所示，将前衣片掀起，以 1 cm 止口缉缝袋布。缝至袋布近底部时，放入一条 2 cm 宽的里料布条，与两层袋布同时缝合在一起，里料拉条的另一端，等待缉合止口时与止口同时缝合，其目的是固定袋布的位置，防止掏口袋时带出袋布。因此，要注意里料布条的长度应适中，不可过紧或过松。封袋布底边时，止口要均匀，头尾倒针加固。

⑦ 加固袋角：在衣身正面斜插袋的两个袋角处，用套结机打套结加固，如图 6-12 所示，完成斜插袋的制作。

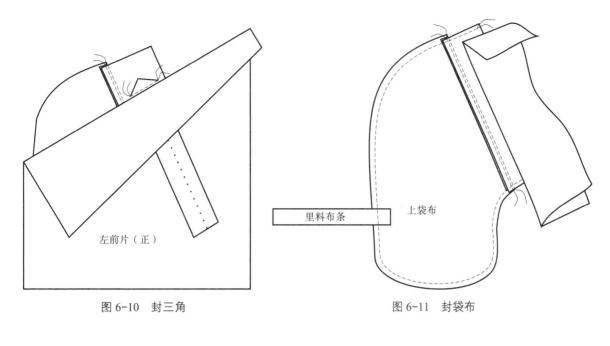

图 6-10　封三角　　　　　　　　　　　图 6-11　封袋布

里料布条　　上袋布

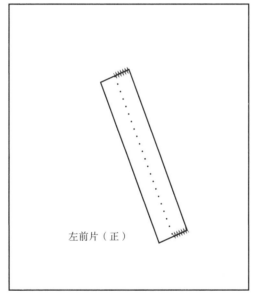

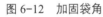

图 6-12　加固袋角

视频：斜插袋制作

（3）敷牵条。在前片止口的胸围线附近做归烫，把止口线归直、定型，胖势推向胸部。然后在前片的反面按净样沿着止口、下摆线，用 1 cm 宽的直纱牵条，从上至下烫贴于止口、下摆线的净线内 0.1 cm 处，袖窿边缘进 0.5 cm，烫帖 1 cm 宽斜纱牵条。止口在胸围线处贴牵条要略带紧，其余各部位要平服。如图 6-13 所示。

（4）合背缝。

① 缉背缝：将两后片正面相对，对齐后中缝，1.5 cm 止口缝缉，如图 6-14 所示。

② 烫背缝：先将后中缝的缝份做劈缝烫，再将缝份都倒向左片做倒缝烫。这里共进行了两次熨烫，可使之后的明线效果更美观。

③ 缉明线：将后片正面向上，在后中缝压缉口 0.6 cm 明线，如图 6-15 所示。

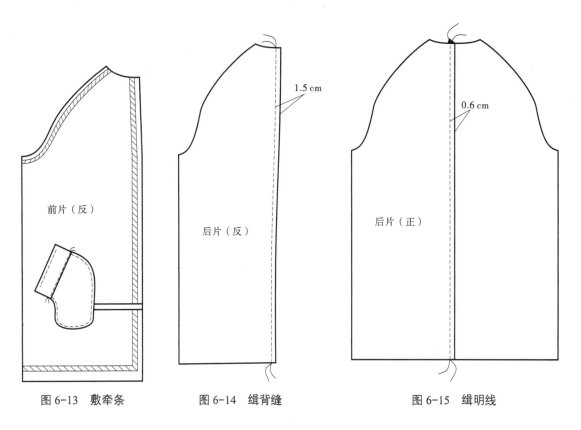

图 6-13　敷牵条　　　　图 6-14　缉背缝　　　　图 6-15　缉明线

（5）合侧缝。以 1 cm 缝份合缉侧缝，然后将侧缝缝份分开烫平、烫煞，如图 6-16 所示。

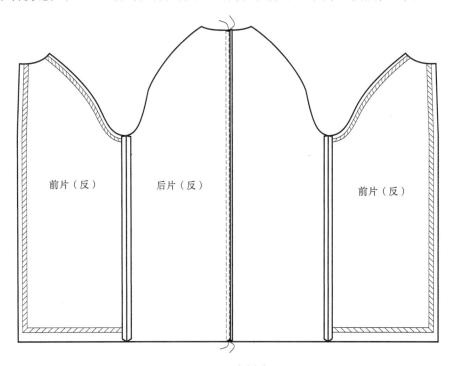

图 6-16　合侧缝

4．做夹里

（1）净过面：按照生产样板，在过面反面画出净线线迹，然后修剪缝份，各部位留 1 cm 缝份。

（2）做过面暗门襟：操作如图 6-17 所示。

① 缉暗门襟开口嵌线：暗门襟开口的垂直位置是从第二个扣位以上 4 cm 至最下端扣位以下 4 cm，其水平位置是距止口 1.5 cm。暗门襟可采用一片嵌线的单牙挖袋工艺来制作。暗门襟嵌线的长度可依据暗门襟高度再加放 4 cm，宽度可依据门襟缉缝装饰线宽度的 2 倍再加放 4 cm。先将嵌线粘贴无纺衬，然后在嵌线的中央部位画出两条相距 0.5 cm 的平行线并沿两条线扣烫。将嵌线置于门襟过面的上方，正面相对，摆正位置，如图 6-17（a）所示，沿外侧画线缉缝一道线，再距 0.5 cm 缉缝第二道线，第一道线应恰好落在暗门襟开口处。两条缉线要保持平行，两端要以倒针加固。

② 剪开口：在两行缝线中间，将门襟开口剪开，两边剩余 0.8 cm 剪三角位。剪三角位时注意不要剪到嵌线，嵌线要沿着已剪的开口向两端继续剪通，然后将嵌线翻进过面反面。

③ 缉暗门襟开口明线：沿已扣烫好的折痕将暗门襟开口的牙面摆正，在上面缉缝 0.1 cm 明线，如图 6-17（b）所示。牙面宽度确保 0.5 cm。

④ 封三角：将三角位的毛边折向过面内部，摆平嵌线，两层嵌线方向一致，在暗门襟开口的另外三边缉缝 0.1 cm 明线。注意首尾要打倒针加固，拐角要方正，毛边不要外露，如图 6-17（c）所示。

⑤ 锁眼：将过面正面朝上，在过面及上层嵌线上锁横向平眼 4 个。

⑥ 固定嵌线：将过面与暗门襟嵌线摆正，掀起过面，在每两个扣眼的中间，把两层嵌线车缝三道来回针加以固定。缝线要紧靠嵌线根部，因此，车缝时略有不方便，缝线长度不大于 1 cm，如图 6-17（d）所示。

⑦ 加固三角：摆平过面与暗门襟贴边，用手针将三层布料撬在一起。然后用套结机在三角处打套结加固，如图 6-17（e）所示。

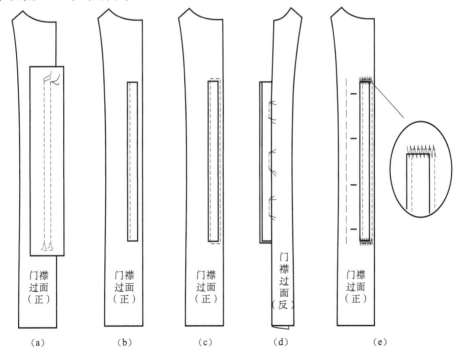

图 6-17　做过面暗门襟

（a）缉暗门襟开口嵌线；（b）缉暗门襟开口明线；（c）封三角；（d）固定嵌线；（e）加固三角

（3）合过面：将前片夹里与过面合缉，下端到距下摆净线 2 cm 处止。熨烫时上部缝份都倒向夹里，只在距缉线止点 2 cm 处以下劈缝烫，如图 6-18 所示。再用珠缝机沿前片夹里边缘车缝一道装饰线，如图 6-19 所示。

（4）做里袋：做里袋的方法与做面上斜插袋的方法略有不同。首先，里袋袋口的位置接近水平状态，后袋角提高 2 cm；其次，在里袋垫袋的中央位置有一个纽襻，如图 6-20 所示，根据合适的长度剪断，先缉缝在垫袋正面合适的位置；最后，里袋的单牙宽 0.8 ~ 1 cm，袋口大小为 14 cm 左右，而斜插袋单牙宽为 2.5 ~ 3 cm，袋口大小为 16 ~ 18 cm。两者都采用"一片嵌线加一片垫袋"的单牙挖袋工艺来制作。根据设计需要也可在袋口的周围缉缝 0.1 cm 的明线。里袋完成后如图 6-21 所示。有些风衣里袋是双牙袋，其制作方法参见西服工艺部分。

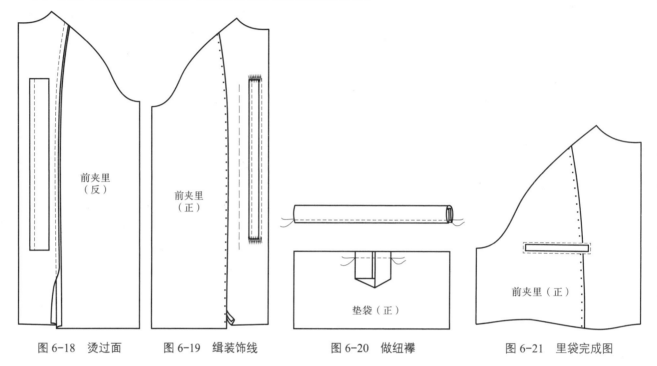

图 6-18　烫过面　　　　图 6-19　缉装饰线　　　　图 6-20　做纽襻　　　　图 6-21　里袋完成图

（5）合背缝：如图 6-22 所示，将背缝平缉缝合，然后将缝份向左侧烫倒，后背部位要保留松量扣烫。

（6）合侧缝：以 1 cm 缝份合缉侧缝，将其倒缝熨烫，缝份都倒向后片，扣烫要保留松量。

5. 合止口

（1）缉止口：将过面与前片正面相对，过面置于下层，沿前片止口线外 0.1 cm 缉线。缉线的两端点分别是领窝线上的装领点和过面的内侧边缘点。各部位要平缉，并确保止口顺直，如图 6-23 所示。

（2）烫止口：把止口缝份修剪成梯形，面留 0.4 cm，过面留 0.8 cm，然后将缝份都向前片扳进 0.1 cm 扣烫，烫实、烫薄。

（3）烫下摆：把下摆贴边沿净线扣烫，注意宽度均匀，下摆线平直，左右一致。

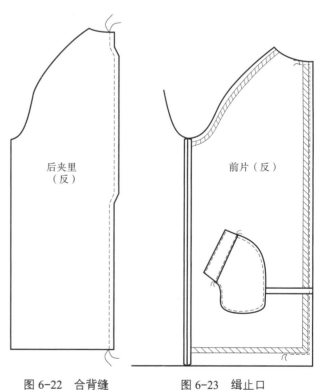

图 6-22　合背缝　　　　图 6-23　缉止口

（4）扳止口：用本色缝纫线和三角针法，将止口缝份固定于前片的反面，针距 1.5 cm，线要松紧适宜，正面不可露出线迹。

6．做面袖

（1）做袖牌。

① 缉袖牌：将袖牌里粘一层无纺衬，再将袖牌面置于上层，沿净样缉合一道。缉合时注意使袖牌里略紧，做好里外容，如图 6-24 所示。

② 烫袖牌：修剪袖牌的缝份，保留 0.3 cm，然后将其翻到正面，拐角及止口要翻足，两个袖牌要左右对称，并烫平，止口不可反吐。

③ 缉明线：在袖牌正面沿止口缉 0.8 cm 明线，如图 6-25 所示。

（2）合外袖缝。

① 缉外袖缝：将后袖片正面朝上，置于下层，前袖片再与之正面相对，距袖口净线 7 cm 的地方夹入袖牌，正面朝上，沿外袖缝缉缝一道，注意对位准确，肩部圆顺，如图 6-26 所示。

② 烫外袖缝：先将外袖缝做劈缝烫，再做倒缝烫，缝份倒向后袖片，如图 6-27 所示。

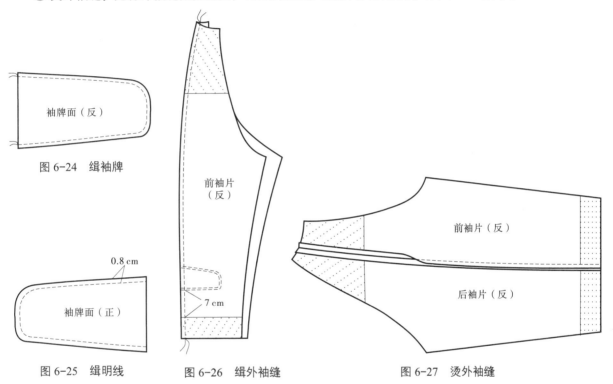

图 6-24　缉袖牌

图 6-25　缉明线　　　图 6-26　缉外袖缝　　　图 6-27　烫外袖缝

③ 缉明线：在后袖片正面沿外缝线平缉 0.8 cm 明线，如图 6-28 所示。

（3）合内袖缝。将内袖缝对齐，合缉一道，然后劈缝烫平，如图 6-29 所示。

（4）烫袖口贴边。沿袖口净线将贴边扣烫。

7．做里袖

（1）合袖缝：分别将里袖的外袖缝、内袖缝合缉，其中左袖内袖缝的中部留 10 cm 长的活口。注意缝份均匀，对位准确。

（2）烫里袖：将里袖烫平，内、外袖缝的缝份均向后袖片做倒缝烫，并留 0.2 cm 的松量。

（3）装袖夹里：

① 将面袖、里袖的袖口正面相对，以 1 cm 缝份缉合，注意两者的内、外袖缝要分别对齐。切不可将面袖、里袖左右颠倒。

② 定袖口贴边：将袖口贴边的缝份用手针花绷针法固定到面袖的反面，注意线不要带得过紧，且正面不露线迹，如图 6-30 所示。

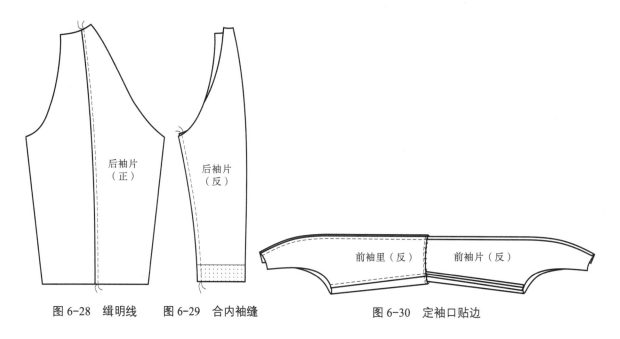

图 6-28　缉明线　　　图 6-29　合内袖缝　　　　　图 6-30　定袖口贴边

③ 定袖缝：将里袖与面袖沿袖口贴边的中线对叠，使前袖片面层与前袖片夹里相对，从距袖口贴边 10 cm 的位置开始，到距另一端 10 cm 处，分别把面袖及夹里的袖缝缝份用攥线攥牢，加以固定，如图 6-31 所示。

④ 净袖夹里：将袖子翻到正面，把面袖和里袖的内外缝对齐、摆平，修剪里袖的缝份，袖山底的缝份要比面袖多出 2 cm，领口处多出 0.6 cm，如图 6-32 所示。

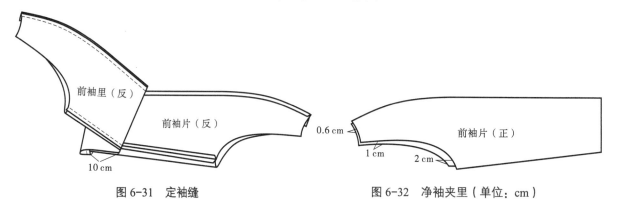

图 6-31　定袖缝　　　　　　　　　图 6-32　净袖夹里（单位：cm）

8．装面袖

（1）攥袖子：将袖子对准衣片对位标记，用手针攥装。攥时，袖片置于上层，注意袖子弧线与衣身片弧线要摆平，装圆顺，如图 6-33 所示。袖子攥完后，将袖子翻到正面，套穿在人台上，检查装袖对位是否准确、左右袖子是否对称。

（2）缉袖子：将袖子放在上层，左袖从前衣片领口开始缉缝至后衣片领口；右袖从后衣片领口缉缝至前衣片领口。缝份要宽窄一致，缝线顺直。

（3）缉明线：将攥线拆除，再将前、后袖窿距领口约 20 cm 长度做劈缝烫，之后做倒缝烫，缝份都倒向衣片。在前袖窿距领口 15 cm 的长度和后袖窿距领口 17 cm 的长度缉缝 0.8 cm 明线，如图 6-34 所示。

9．装里袖

将里袖与衣身缉合，缉合至袖窿底时，加缝进一个长约 6 cm 的里料拉条，缉合时注意对位准确。

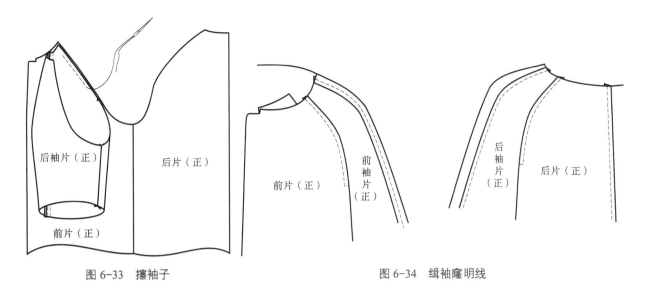

图 6-33　攥袖子　　　　　　　　　　图 6-34　缉袖窿明线

10．做领

（1）净领片：按照生产样板，画出翻领、底领的面及夹里的净线，沿线修剪缝份，与领窝缝合的领下口部位保留 1 cm 缝份，其他部位留 0.5 cm 缝份，如图 6-35 所示。

（2）合分领线：将翻领和底领沿分领线缝合，缝份 0.5 cm，然后把领面做劈缝烫；把领里先做劈缝烫，再向底领做倒缝烫。

（3）缉明线：沿领面的分领线上下各缉一条 0.1 cm 明线，沿领里的分领线在下方缉一道 0.1 cm 明线，如图 6-36 所示。

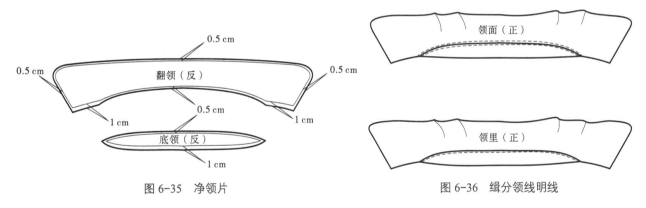

图 6-35　净领片　　　　　　　　　　图 6-36　缉分领线明线

（4）缉领：将领面、领里正面相对，沿领面的净线缉合领口，在领尖的圆角处，领面要略松，有适量吃进，形成面与里的里外容量，如图 6-37 所示。缉线的起止点要落在领下口的净线上。

（5）翻烫领子：将领子翻到正面，圆角处要翻足，曲线流畅。把领里朝上，将领口烫平、烫实。注意里外容，领里不倒吐，两领角完全对称，如图 6-38 所示。

图 6-37　缉领　　　　　　　　　　图 6-38　翻烫领子

11．装领

（1）装领面：领面下口与衣身夹里的领窝对齐，且两者正面相叠，沿领面下口净线将两者缉合。注意装领点准确，且左右对称，如图 6-39 所示，完成后如图 6-40 所示。

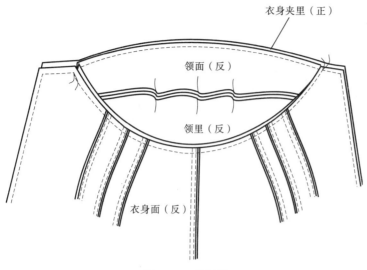

衣身夹里（正）

领面（反）

领里（反）

衣身面（反）

图 6-39　装领面

图 6-40　插肩袖暗门襟男大衣

（2）装领里：领里下口与衣身面的领窝对齐，正面相叠，沿领里下口净线将两者缉合，注意对位准确，不可与领面发生歪斜。

（3）定领面与领里：将领里下口与衣身面的缝份劈开，而领面下口与衣身夹里的缝份向衣身夹里折倒，把这两层缝份与衣身面的缝份对齐，沿领下口线车缝一道，缝线尽量靠近装领线。

12．装垫肩

先把垫肩与衣身面的肩线缝份攥牢，线迹不可过近，再把垫肩肩点与夹里的肩点攥牢。

13．合缉下摆

（1）定过面底端：如图 6-41 所示，摆正过面底端与下摆贴边，沿过面边缘缉 0.1 cm 明线，固定过面与下摆贴边。缉线两端要以倒针加固。

（2）缉下摆：将下摆贴边与夹里底边对齐缉合，注意侧缝、背缝对齐，并保留夹里在此处约 0.2 cm 的松量。

（3）定下摆贴边：沿下摆净线将下摆贴边折向衣身面子的反面，用本色缝纫线和三角针法把下摆贴边固定于面子的反面，针距 1.5 cm，线要带得松紧适宜，面子正面不可露出线迹。

（4）定侧缝：将夹里袖窿底的拉条与面子袖窿底的缝份车缝固定。

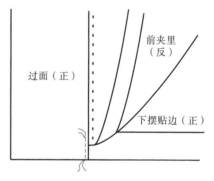

过面（正）　前夹里（反）

下摆贴边（正）

图 6-41　定过面底端

14．翻烫

将半成品从里袖开口处翻到正面，夹里朝上，将各止口烫平、烫实，止口不可反吐。烫领止口要领里朝上。

15．压缉明线

（1）压缉领口明线：领面向上，沿领止口缉 0.6 cm 明线。

（2）压缉止口明线：前片面向上，从装领点到下摆，沿止口缉 0.6 cm 明线，在装领点处注意缉线与领口明线要对准衔接，如图 6-42 所示。

（3）封门襟：用珠边机的装饰线封门襟，宽度为 5.5 cm，底部为圆顺曲线，两端留线头打结。

16．封袖开口

把袖开口处的缝份都折向内部，对齐两层以 0.1 cm 明线缉合封口。

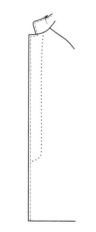

图 6-42　压缉明线

17．锁钉

（1）锁眼：在左侧门襟上端锁横向圆眼一个，在袖牌止口进 2.5 cm，高低的中点左右各锁顺向圆眼一个。

（2）钉扣：在右侧里襟与扣眼相对的位置钉 5 粒 2 cm 直径的纽扣，扣位落于前中心线上，扣柄高 0.3 cm；在里袋袋口下方中点钉 1.5 cm 直径纽扣，并在左里袋袋口斜下方钉 2 粒两种直径的备扣；在与袖牌扣眼相对的袖子位置上钉 1 粒纽扣。

18．整烫

去除线钉和攃线后，将各处止口熨烫平薄、定型，依次将前身、后身、袖身、里身熨烫平服。注意保持袖山的饱满状态及领子翻折线的立体状态。

19．质量要求

（1）各部位规格准确，缝份均匀，明线顺直。

（2）开袋及暗门襟四角方正，嵌线不松不紧，宽窄一致，左右对称，四角无毛出。

（3）胸部饱满，止口不搅不豁；背部平挺，背缝顺直。

（4）肩头圆浑、插肩袖袖型弯势自然、美观，袖中线顺直，袖窿平服，左右一致。

（5）领型平挺，领面平服，领角左右对称，翻折线自然不死板。

（6）各部位整烫平整，洁净美观。

任务三　　女大衣制作工艺

学习目标　掌握女大衣制版、制作知识和相关技能（规格设计、制图、放缝份、排料、制作）。

知识要点　规格设计、制版、排料画样、制作方法与工序和质量标准。

技能要点　装插袋，做袖衩，装袖，装领，制作工艺每一程序的技巧。

素质要点　具有良好的审美意识、正确的艺术观和价值观，树立热爱行业、积极进取的职业精神和精益求精的工匠精神。

一、女大衣纸样设计与裁剪

1．款式说明

本款女大衣适于春秋季穿着，胸围加放量为 14 cm，属于合体的类型。前身为宽门襟，双排 6 粒扣，与女大衣式的翻立领组成封闭式的关门领；如果把上面的扣子打开，上部分的门里襟外翻，则形成开敞式的领型。在结构造型上，使用了公主线，装暗插袋，有收腰并释放下摆；圆装袖，后袖缝袖口处有开衩，钉 3 粒装饰扣。其款式如图 6-43 所示。

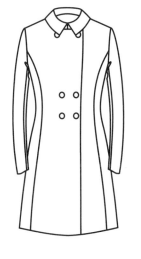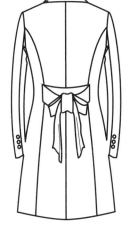

图 6-43　女大衣款式

2．女大衣的规格设计与样板制作

（1）女大衣结构工艺选用号型：165/84/68A。

女大衣的规格设计见表 6-3。

表 6-3　女大衣的规格设计　　　　　　　　单位：cm

部位	规格	设计依据
衣长	95	0.55 ~ 0.6 号
胸围	98	净胸围 +14
腰围	80	胸围 −18
肩宽	42	净肩宽 +3
袖长	60	0.35 ~ 0.4 号
袖口围	28	0.3 ~ 0.35 型

（2）女大衣结构设计图如图 6-44 所示。

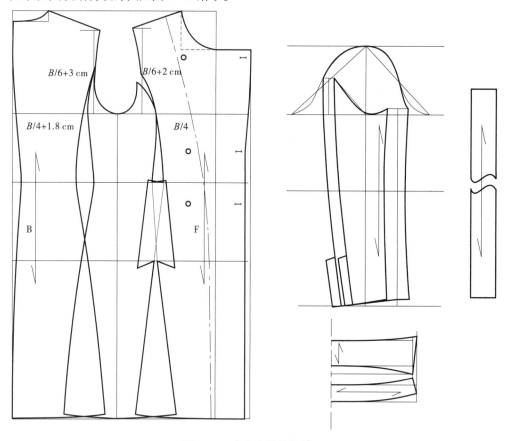

图 6-44　女大衣结构设计图

（3）将女大衣样板制成工业样板，各部位按照以下方法加放缝份。

后中心加 1.5 cm，衣身下摆加 4 cm，袖子下摆加 4 cm，其他各处加 1 cm，如图 6-45 所示。

3．女大衣用料计算与排料

（1）用料计算。春秋装面料一般幅宽为 144 cm，采用单层单向排料。由于此款大衣下摆宽松，占用了大量的幅宽，因此用料长度就要增加，其长度：2 倍衣长 +10 cm。

（2）女大衣排料图如图 6-46 所示。

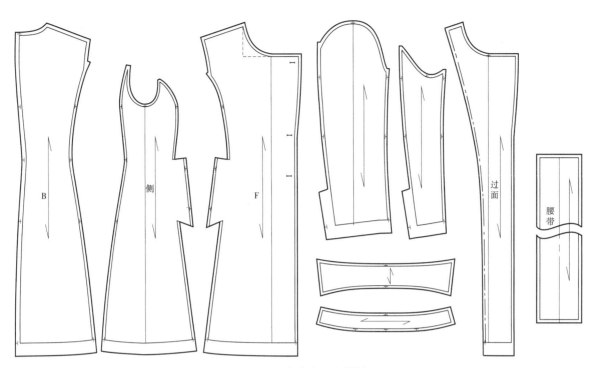

图 6-45　女大衣工业样板

图 6-46　女大衣排料图

二、女大衣工艺设计与制作

（一）缝制工艺流程

女大衣的缝制工艺流程如图 6-47 所示。

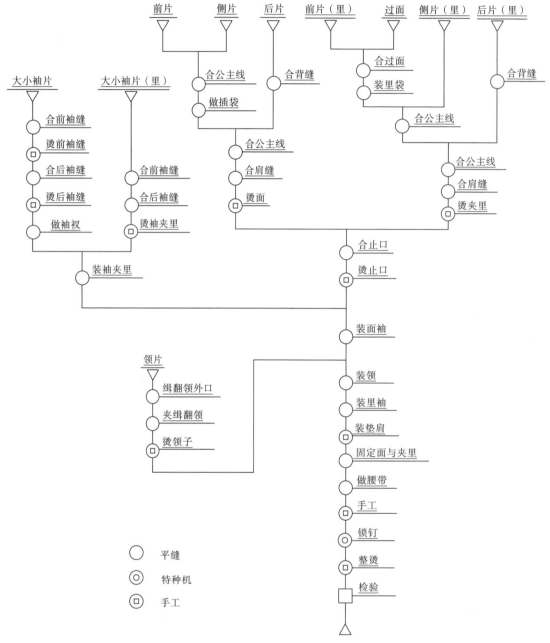

图 6-47　女大衣的缝制工艺流程

（二）缝制工艺

1．部件裁剪

（1）面料：前片 2 片，侧片 2 片，后片 2 片，大小袖片各 2 片，翻领 2 片，底领 2 片，过面 2 片。

（2）里料：前片 2 片，侧片 2 片，后片 2 片，大小袖片各 2 片，暗插袋袋布 4 片，里插袋袋布 4 片。

（3）衬料：有纺衬、牵条若干。

（4）辅料：直径 2 cm 的纽扣 9 粒，直径 1 cm 的纽扣 6 粒，垫扣 3 粒。

2．做缝制标记

在以下部位打剪口或打线钉：

前片：中心线位、腰节线部位、插袋位、袖窿对位点、下摆贴边、扣位。

后片及侧片：腰节线部位，下摆贴边。

过面：里袋位。

领片：后中心点，底领下口对肩点。

3．粘衬

（1）粘有纺衬：如图 6-48 所示，将有纺衬置于面料的反面，边位对齐，通过粘合机将衬粘实，使之无起泡或脱层现象。需全部粘有纺衬的部位有前片、过面，领面及领里；需在局部粘有纺衬的部位有后片及侧片的肩部、袖窿、下摆边、袖片的袖口贴边。

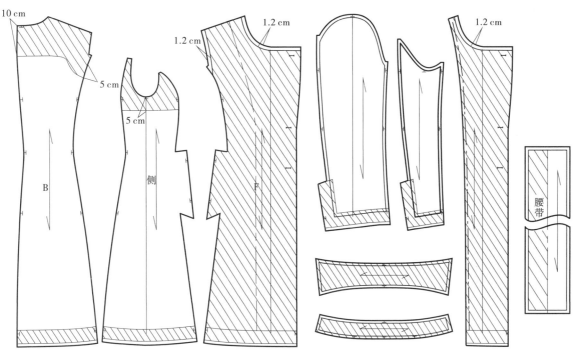

图 6-48　粘有纺衬

（2）敷牵带：按净样画出前片的止口、下摆线及所有的袖窿线。如图 6-49 所示，用 1 cm 直纱牵带，烫贴于止口及下摆的净线内 0.1 cm 处，平服即可。袖窿处用斜纱牵带，沿净线烫帖牢固，要略紧些。

4．合、烫前公主线

将前片与侧片的公主线缝合，要平缉。胸线附近的曲线要缉合圆顺，插袋口部位要留出来，两端打倒针加以固定。

在公主线弯势较大部位的缝份上均匀打剪口，然后劈缝熨烫，烫实烫圆。在侧片的缝份上，距插袋袋角 2 cm 处各打一剪口，使得侧片的缝份在此倒向前片，而不劈缝，如图 6-50 所示。

5．做插袋

在前片和侧片的插袋位置可直接连裁出插袋嵌线和垫布的结构，长度为插口大小加 6 cm，宽度为 4 cm，使得插袋的制作在缝制工艺上有所简化。

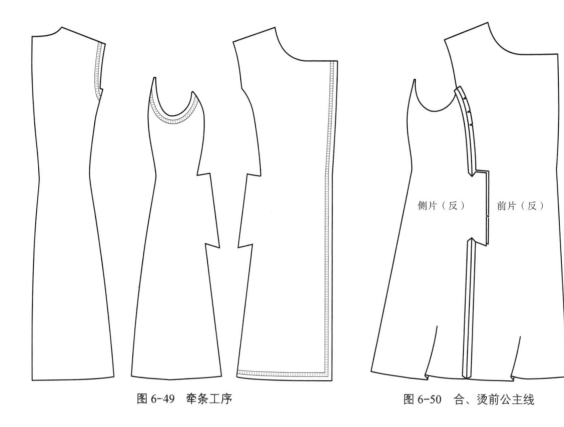

| 图 6-49　牵条工序 | 图 6-50　合、烫前公主线 |

（1）装上袋布：将上袋布与前片嵌线以 1 cm 缝份缉合，再翻到正面在袋布上压缉 0.1 cm 明线，将上袋布倒向前片，如图 6-51（a）所示。

（2）装下袋布：将下袋布与侧片的垫布以 1 cm 缝份缉合，再翻到正面在袋布上压 0.1 cm 明线，如图 6-51（b）所示。

（3）合组袋布：将上下袋布合缉一圈，在袋布底端缝入一个水平方向的拉条。注意起针和收针都尽量靠近袋角，如图 6-51（c）所示。

（4）封袋角：在面料正面的上、下袋角处打套结，以使袋角加固，如图 6-51（d）所示。

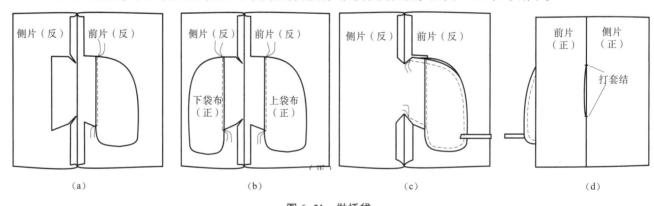

图 6-51　做插袋

（a）装上袋布；（b）装下袋布；（c）合组袋布；（d）封袋角

6．合背缝

以 1.5 cm 缝份合缉后背缝。

7．合后公主线

将后片与侧片的公主线缝缉合，要平缉。

8．合肩缝

将前后片正面相对，前肩放在上面，缉合肩线。要将后肩的吃量置于靠近占颈点 1/3 范围内，余下的部分平缉，如图 6-52 所示。

9．烫面

（1）分烫后背缝：将后背缝劈缝熨烫，烫实。

（2）分烫公主线：与前片的操作方法相同，将公主线烫圆、烫实。

（3）分烫肩缝：将肩缝劈缝熨烫，由颈点向肩点熨烫。

（4）扣烫下摆：按照下摆的净样将下摆缝份进行扣烫，烫平、烫实。

（5）烫面：在保证各部位造型及各缝线弯势的前提下，把大身整烫平整。

10．合前片夹里与过面

将过面与前片夹里正面相对，缉合两者。左侧夹里在里袋处留出开口，如图 6-53 所示，缝份都向夹里折倒。

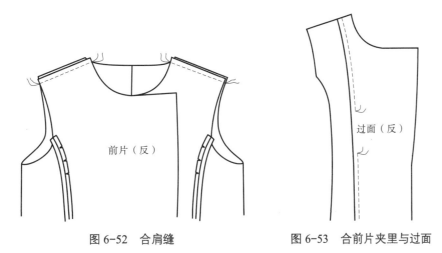

图 6-52　合肩缝　　　　　　　　　图 6-53　合前片夹里与过面

11．做里袋

（1）做里袋嵌线：如图 6-54 所示，用里料裁出 13 个边长为 3 cm 的正方形，沿对角线对折，再把两个尖角对齐做第二次折叠，熨烫平整。然后把这些"三角形"互相套在一起，使其每个直角尖点相距 1 cm，并使所有直角尖点都处于同一条直线上。用糨糊或双面胶粘连固定这些"三角形"，做成里袋嵌线，其长度就是里袋袋口的大小。

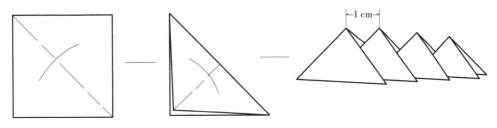

图 6-54　做里袋嵌线

（2）缉嵌线：将嵌线置于上袋布正面，把两者车缝固定，缉线距直角尖点 0.8 m，如图 6-55 所示。

（3）装上袋布：将上袋布与夹里缝份正面相对，袋布在上层，沿着缉嵌线的线迹将两者缉合，注意此道缉线要尽量与合过面的线迹靠近，如图 6-56 所示。

（4）装下袋布：将下袋布与过面缝份正面相对，把两者缉合。

（5）合缉袋布：将上、下袋布合缉一周，在袋布的底部缝入一里料拉条，拉条在缝合公主线之后固定在公主线的缝份上。缉线的起止位置要尽量靠近袋角部位，如图 6-57 所示。

12．合夹里前公主线

将前片夹里与侧片夹里的公主线缝缉合，要平缉。然后将里袋的拉条车缝固定在公主线的缝份上，如图 6-58 所示。

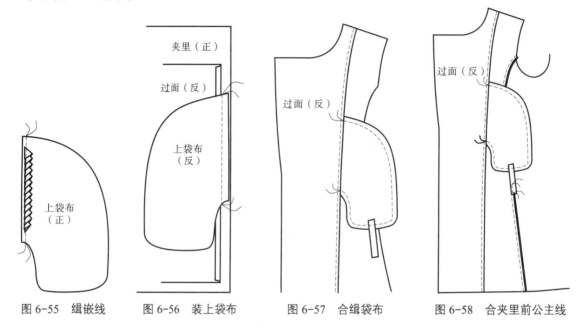

图 6-55　缉嵌线　　　图 6-56　装上袋布　　　图 6-57　合缉袋布　　　图 6-58　合夹里前公主线

13．合夹里背缝

将夹里后片的背缝缉合。

14．合夹里后公主线

将夹里后片与侧片的公主线缝缉合，要平缉。

15．合肩缝

将夹里的前后肩线缉合。

16．烫夹里

夹里的缝份都做倒缝熨烫，后背缝份向左侧倒，公主线缝份向两侧倒，肩缝缝份向后身倒。除肩缝外，每条缝线处还要保留 0.3 cm 的松量。

17．合止口

（1）缉止口：将过面与前片正面相对，过面置于下层，沿前片止口线缉线。缉线的上端点在领窝的装领点，缉线的下端点在后片公主线的下摆处。注意下摆过面处的缝份为 4 cm，是沿着前片净线缉缝，而下摆夹里处的缝份为 1 cm，缝份的大小要平缓过渡。各部位要平缉，并保留夹里各道缝线的松量，如图 6-59 所示。

（2）烫止口：把止口缝份修剪成梯形，面留 0.5 cm，过面留 0.8 cm，然后将缝份都向前片扳进 0.1 cm 扣烫，烫实、烫薄。

（3）固定止口及下摆缝份：在领窝的装领点处，垂直于领窝方向打一剪口，再把止口及下摆缝份用三角针法固定于有纺衬及面料上。在后片的下摆处，只将后片面层的下摆贴边固定在面料反面。注意线迹不宜过紧，不可穿透面料，如图 6-60 所示。

18．做面袖

（1）合前袖缝：先将面袖大、小袖片正面相对，小袖片在上，以 1 cm 缝份缉合，再将大袖片靠近前袖缝的袖肘处略做拔烫，然后将小袖片丝绺放直，把前袖缝劈缝熨烫，再沿袖口净线将袖口贴边扣烫，如图6-61所示。

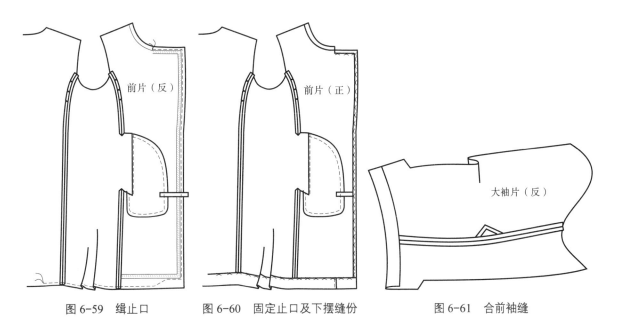

图6-59　缉止口　　　　图6-60　固定止口及下摆缝份　　　　图6-61　合前袖缝

（2）合后袖缝、做袖衩：参见"男西服缝制工艺"。

19．做里袖

将大、小袖片夹里正面相对分别缉合前袖缝、后袖缝，然后把缝份朝大袖片扣烫倒逢，并保留0.3 cm的松量。

20．装袖夹里

（1）缉袖口：将面袖与里袖的袖口正面相对，前、后袖缝对正，然后将夹里袖口兜到面袖袖口贴边上。注意缉线的起针和收针要尽量靠近袖衩，否则会留下较大的开口，最后用手针做暗缝处理。

（2）固定袖口贴边：把袖口贴边用三角针法固定于面袖反面，注意线迹不要过紧，不可穿过面料，再将袖子翻到正面。

21．装面袖

（1）抽袖山吃势：将平缝机的针距调至最大，以0.6 cm缝份车缉袖山，起针、收针都在小袖片上，起点距前袖缝2 cm，终点距后袖缝7 cm，然后将其中的一根缝线抽紧（缝线不可抽断），使袖山吃势合理分配。袖山吃量为3～4 cm。其具体的吃势分配如图6-62所示。将吃势放在烫凳上用熨斗归烫，使其保持稳定。

（2）缉袖子：左袖从胸阔点处起针，右袖从背高点处起针，以1 cm缝份兜缉袖山与袖隆。注意对位准确，吃势合理，缝份的宽度一致。

22．装袖隆条

（1）制袖隆条有两层：一层使用本料正斜纱，宽度为3.5 cm；另一层使用拉绒，宽度为4 cm。袖隆条的长度为从胸阔点经肩点到背高点以下4 cm。先将两层袖隆条以1 cm缝份缉合，缉时本料置于上层，如图6-63所示。

（2）装袖隆条：将袖隆条的拉绒置于最底层，与袖山缉合，缉线必须与缉袖子的线迹完全重合。安装袖隆条可以支撑袖山的立体感觉，使袖山隆起饱满，如图6-64所示。

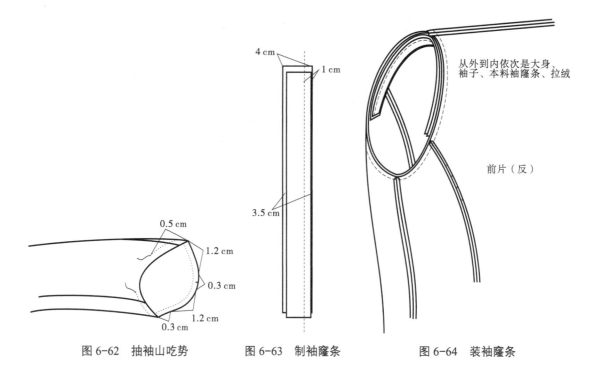

图 6-62　抽袖山吃势　　　图 6-63　制袖窿条　　　图 6-64　装袖窿条

23．做领

（1）缉翻领上口：将翻领里、面正面相对，沿领口净线缉合领口，在领尖角处，领面要略松，有适量吃进，形成面与里的里外容量，如图 6-65 所示。

（2）烫翻领：修剪领上口份，面留 0.5 cm，里留 0.8 cm，尖角处留 0.3 cm，呈梯形；把止口缝份向领面扳进 0.1 cm 扣烫；把领子翻到正面，领尖要翻足，把领里朝上，将领口烫平、烫实。注意领里不倒吐，两领角完全对称。

（3）攘翻领：将领面朝上，把领面向领上口推大约 0.2 cm 的量，作为成品翻领在翻折状态下宽度方向的松量，并用手针将松量攘住固定，攘线离开翻领下口 2 cm，如图 6-66 所示。再把翻领下口修剪整齐，留缝份 0.8 cm。

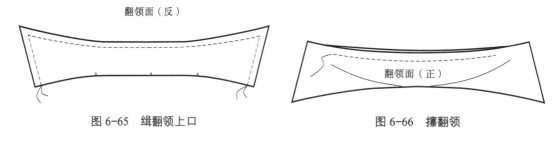

图 6-65　缉翻领上口　　　　　　　　　　　图 6-66　攘翻领

（4）夹缉翻领：如图 6-67 所示，用底领里、面夹住翻领下口，沿底领上口合缉，注意对位准确。

（5）烫领：将领子翻到正面，把领止口烫薄，领面熨烫平整，左右完全对称，如图 6-68所示。

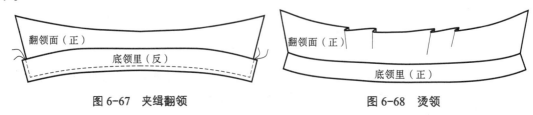

图 6-67　夹缉翻领　　　　　　　　　　　图 6-68　烫领

24．装领

（1）装领里：将底领领里下口与衣身夹里的领窝对齐，且两者正面相对，沿领面下口净线将两者缉合，注意线必须与衣身止口的缉合线对齐，且左右装领点对位准确，如图6-69所示，完成后如图6-70所示。

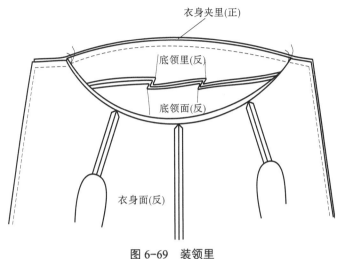

图6-69　装领里

（2）装领面：将底领领面下口与衣身面的领窝正面相对，对齐后沿领面下口净线缉合，注意对位准确，完成后不可与领里发生扭斜。

（3）定领面与领里：将领里下口与衣身夹里的份向衣身夹里折倒，再将领面下口与衣身面的缝份劈开，把朝下的三层缝份对齐，沿领下口线车缝一道，缝线尽量靠近装领线。注意把衣身面与夹里的肩缝、后中线位置对准。

25．装里袖

将里袖与大身夹里的袖窿正面相对，准确对位，缉合两者。缉时要保留前后袖缝处的松量。

26．装垫肩

（1）装垫肩：将衣身面的袖窿翻转至上面，对准垫肩位置，把垫肩与袖窿缝份用手针攥牢。擦线不宜过紧。将垫肩与肩线摆正，把垫肩与肩线的缝份攥牢固定。

（2）定垫肩：把垫肩肩端点处与夹里肩端点处的缝份用手针攥牢固定。

27．固定面与夹里

用手针攥缝固定面与夹里。

28．做腰带

将腰带裁片反面朝外对折，沿止口缉合，并在中段留出长约10 cm的开口，如图6-70所示。从活口翻出正面，将止口及尖角翻足，熨烫平整。在活口处以0.1 cm明线缉合活口。

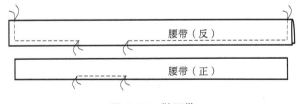

图6-70　做腰带

29．手工

（1）固定过面：将前身夹里朝上平铺于案板上，沿着缉合过面的缝线，在最底端扣子以下的部位，将过面与衣身面层用本色缝线，暗针灌缝固定，这样可以使衣身与夹里更紧密地连在一起，成为一个整体，以免在穿用过程中由于两者的分离而使夹里反露到外面。注意在过面上，针脚要隐蔽，不要超过 0.2 cm；在衣身正面，不可露出线迹；缝线带要略松，使衣身正面平整，没有擦线的点状痕迹，如图 6-71 所示。

（2）封开口：把下摆处预留的开口用暗针缲缝封口。

（3）做腰带襻：在后片公主线的腰节部位用拉线襻的方法做出腰带襻，其长度以腰带的宽度为依据，如图 6-72 所示。

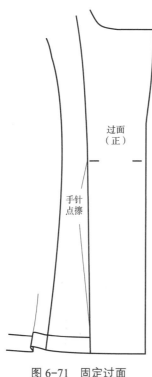

图 6-71　固定过面　　　　　　　　图 6-72　做腰带襻

30．锁眼钉扣

（1）锁眼：在左、右衣襟靠近止口处各锁 3 个圆眼。

（2）钉扣：在左侧里襟与扣眼相对应位置钉 3 粒纽扣，在纽扣对应的夹里位置钉 1 粒垫扣；在右侧门襟与扣眼相对应位置钉 3 粒纽扣，其背面的夹里位置各钉 1 粒相同的纽扣。这些纽扣缝钉时要缠出扣柄，扣柄高 0.3 cm 左右，袖的袖衩部位分别缝钉 3 粒袖口纽扣，作为装饰。

31．整烫

清剪各处线钉、线头、擦线，将止口熨烫平薄、定型；领子要熨烫出窝势；前身、后身、夹里要熨烫平整。

（三）女大衣质量要求（参考款式图 6-73 女大衣）

（1）各部位规格准确，缝线顺直。

（2）胸部饱满，腰线自然，暗插袋平服，不豁口；后背平挺，背缝顺直。

（3）领型美观、挺立，领面平服；止口平薄，丝缕顺直，前襟打开成开敞形式时，翻折线自然顺直，前片与夹里不分离。

图 6-73　女大衣

（4）袖山饱满，袖形弯势自然、合体。

（5）夹里服帖，不外露，不起吊；里插袋平服美观。

（6）各部位整烫平整，洁净美观。

思考与训练

1. 为什么大衣领子制作中采取分领座工艺？

2. 为什么领面采用经纱纱向，领里通常采用斜纱？

3. 大衣底边处理与西服有哪些不同？

4. 怎样进行风衣、大衣夹里的裁配？

5. 了解当今服装中风衣、大衣的制作设备及工艺形式。

6. 怎样进行分领座？

7. 工艺制作训练：分领座、斜插袋、暗门襟、做领、装领等。

在线检测

视频：了解服装行业的
新型高科技材料

视频：了解服装行业
的绿色环保

拓展阅读

一、服装中特殊面料的制作

1. 丝绸面料（图 6-74）

丝绸面料是高档的成衣面料，但在制作中经常会出现勾丝、皱缩、纰裂等不同状况，严重影响产品的外观质量和使用寿命，在缝制中一般注意以下事项：

（1）缝针选择细长型、针眼小的球形尖机针，层数少时一般选用 7～11 号，缝厚料或者层数多时可用 12～14 号针。

（2）针板孔的大小与机针的型号必须一致，避免缝合中出现抽纱、跳线等。

（3）使用塑料压脚，套有柔软塑胶膜的送布牙或者圆顶型送布牙，注意及时更换钝损的送布机件。保证操作台面操作者的指甲光滑无毛刺，防止丝绸衣片被挂抽纱。

图 6-74　丝绸面料

（4）为防止出现缝制过程中的纰裂，多使用来去缝、滚边缝和卷边缝。缝份一般 1 cm，线迹密度在 12 ～ 14 针 /（3 cm）为宜。

（5）丝绸成衣一般采用全蒸汽熨烫方式，注意避免水渍的出现，温度为中低温，熨烫时在自然平放、抽湿吸住后顺着丝向熨烫。

2. 针织面料

（1）针织面料是以线圈互相穿套形成，线圈在织物中处于三维弯曲状态，具有很好的舒适性和服用性。但是缝制中容易出现脱散、卷边、变形的情况。

（2）针织面料弹性大，多选用弹性好、耐磨性好、抗高温的包芯缝纫线或者耐磨的涤纶长丝弹力缝纫线，不能使用棉线。

（3）机针宜选用圆头针，利用原型的尖端将纱线拨开，使缝针在针织缝料纱线之间空隙上下运动不损伤纱线。欧洲针一般选用 65 ～ 80 号，日本针选用 9 ～ 12 号，适合中薄厚度的针织面料。

（4）在平缝机和包缝机上选用具有脚牙输送系统或者针牙输送系统的，有利于针织面料在缝制中输送顺畅。

（5）缝制中不能用手过度拉牵缝料，顺着输送速度方向轻轻向前推送。

（6）熨烫时压力宜轻，温度控制为 140 ℃～ 180 ℃比较安全，在衣内套入熨衣模板，保持产品的规格和形状。

3. 绒类面料（图 6-75）

绒类面料种类很多，如平绒、天鹅绒等，普遍具有顺、逆毛特点，加工方法如果不当容易出现绒毛被压倒光泽不匀的外观。另外，绒类面料容易滑动，缝合时出现对位不准、上下层面料长短不齐的现象。绒类面料在制作中注意以下环节：

（1）制作时应使用顺毛方向，轻轻拉带下层面料，使上下层面料能同步输送。线迹的面线和底线张力尽量调松，以防止缝口聚缩。

（2）尽量选用长眼机针，防止因机针高热而熔断纱线，缝纫线采用缩水率不超过 1% 的缝纫线，可以根据需要选择塑胶压脚。

图 6-75　绒类面料

（3）绒类面料边缘容易脱散，裁剪完毕应尽快进行防脱散处理，如包缝、折边、包边等。

（4）绒类面料普遍较厚，尽量选用平缝。缝边整理时可用修小内层缝边的方法减少折边的厚度。

（5）熨烫时尽量不压烫，以防"倒毛"，用蒸汽在反面喷烫，劈缝熨烫可以垫上丝绒，也可垫上牛皮纸；同时，为避免压平周围绒头，尽量置于烫垫上熨烫。

（6）针织服装包装时切勿挤压成衣，尽量使用挂装入箱和运输成衣。

4. 皮革面料（图 6-76）

皮革面料的原料主要有绵羊皮、山羊皮、牛皮、猪皮、麂皮等，都是由动物皮鞣制加工而成的。皮革面料在制作中也有很多注意事项：

（1）缝纫机针的型号根据皮革的质量和部位来选择，通常缝合衣片

图 6-76　皮革面料

用 14 号针，压缝用 16～18 号针。缝厚皮革要使用专用缝纫针型。

（2）皮革不能重复缝制，需要缝结实的部位一般平行缝两道线，衣片拼缝时使用 40 号或者 60 号的具有良好弹性的合成纤维纱线，明线使用 30 号的合成纤维线。

（3）缝制时起止不做倒回针，在里侧牵引线迹线尾打结。

（4）针迹密度一般要求为 11～12 针 /（3 cm）。为压住缝份，通常采用明线工艺，针距为 8～9 针 /（3 cm），缝合里子时为 12～13 针 /（3 cm）。

（5）为保证缝制时面料输送顺畅，应选用特氟龙压脚，其润滑的特质可减少压脚与面料之间的摩擦。也可以在面料上涂上硅酮液或滑石粉，使面料输送更为顺畅。

（6）皮革面料一般具有一定的弹性，压脚的压力一般略调小，缝制时手慢慢推送面料，不拉紧缝制。

（7）熨烫采用低温进行，温度在 90 ℃～100 ℃较为适宜，熨烫时最好在皮革服装上用美丽绸或者羽纱、包装纸做烫垫，移动熨斗要迅速，也可以在反面熨烫。

5. 裘皮面料（图 6-77）

裘皮面料不同部位具有不同的质感，厚薄、毛色、毛绒密度等均有所差异，生产加工时具有很大的难度。当前裘皮服装的加工保持在半手工的成衣生产水平。

图 6-77　裘皮面料

（1）缝针使用细长而锐利的"SPI"针尖的专用机针，并根据不同的厚薄采用不同的型号，缝纫线一般使用 100% 涤纶多股长丝线、抛光棉线或者包芯线。

（2）缝合衣片时，先在缝合边、省缝处用手工假缝，将斜纹带缝上，再用缲缝将衣片、省缝分别缝合，毛皮的毛推开后再缝合。

（3）缝迹密度一般 14 针 /（2 cm），薄皮的线迹密度为 6～10 针 /（2 cm），缝合后敲实线迹使之稳定。

（4）裘皮服装一般不使用纽扣，常采用大钩子和大眼孔。先用画粉在毛皮皮面上画出钩子和眼孔位置。在折叠线上开一个小洞，深度穿过衬头和毛皮。洞的大小从毛皮面伸出来。钩子的其余部分缝合在衬头和皮面上。钩子缝在毛头上，在开口的另一边缝制眼孔。领头扣还可以用暗扣，里面用平扣加以固定。

二、双面呢绒的缝制工艺

市场上经常见到的有双层大衣呢和双层制服呢两大类。双层面料用染好色的纱线织造而成，上下层可用同种颜色，也可分别用不同颜色的纱线织造，还可把其中一层织造出丰富多彩的格子料。用这种面料，再经过双面制作工艺的加工，可得到两面都能穿用的服装，如图 6-78 所示。

双面缝制工艺，是针对双层面料的特点而出现的一种现代缝制工艺。其特点是：不用加衬里，里外光洁，两面都能穿用。剪裁时不用加放贴边，不用挂面，只需在四周和拼接部位适当加放缝头。裁剪衣领、口袋盖、口袋等部件时，只需

图 6-78　双面羊绒面料

裁制单片面料，而不用底料。其可分为手缝和机缝两种形式。机缝双面制作工艺缝制的服装，可根据需要机缝出不同的风格线。通常认为手工制作的双面服装档次较高。其制作方法具体如下：

（1）准备缝合布两片，如图6-79所示。

（2）其中一片距止口边1.8 cm（以下数值均为参考）缉缝一道，如图6-80所示。

（3）揭剥缝头。揭剥缝头根据面料厚薄程度、拼接处理形式以及周边处理方法有所不同。首先确定揭剥宽度，揭剥宽度应等于2倍缝头宽＋面料厚度，把双层面料中间的结节纱布剪断，剥离成独立的两层。揭剥缝头方法通常用"双面呢开缝机"将双层面料剥离开来。其方法是打开关，使其运转，将衣片反面或绒毛相对较短的一面朝上，轻轻按住面料，按顺毛方向向前喂送。前进过程中，滚刀将面料分离，为防止滚刀将面料推出，手的用力方向可指向右前方，喂送速度不能太快，防止面料拉伸变形。之后，将缝纫机针码调大，沿分离部位按剥离宽度缉线，然后检查剥离宽度是否一致，如剥离宽度不够，则需用手工弥补，直到分开缝头能露出缉线为止。

（4）剥开面料两层，一直到缉线位置为止，如图6-81所示。

（5）将其中的一层与另外一块布片缝合，缝份0.6 cm，如图6-82所示。

（6）把缝边倒向剥开的两层中间，扣烫上层缝头压住缉线，如图6-83所示。

（7）把剥开的另一层向内折，用珠针固定，如图6-84所示。

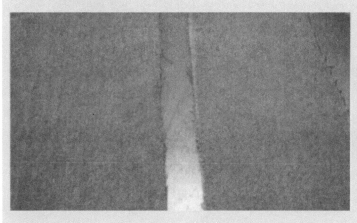

图6-79　缝合布

图6-80　缉缝

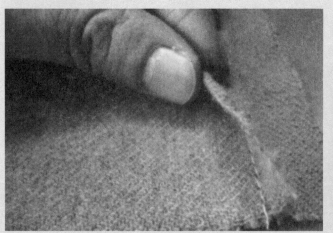

图6-81　剥开面料

图6-82　一层与另一块布片缝合

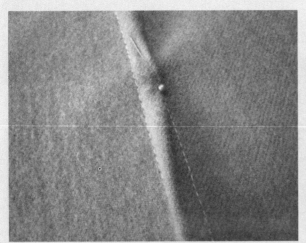

图 6-83　缝边剥开，扣烫上层缝头

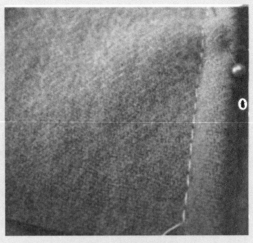

图 6-84　内折珠针固定

（8）用暗缲将其固定，要缝在车线外侧，外观不要露出线迹，拆掉第一道缉缝线，完成后，外观平服、工整、美观、无线迹，如图 6-85 所示。

（9）袖口、下摆等单层的制作方法，同样按 1.8 cm 剥开双层里面加烫粘衬，如图 6-86 所示。

（10）用手针暗缲，将线迹隐藏，折去缉缝线迹，整体完成，如图 6-87 所示。

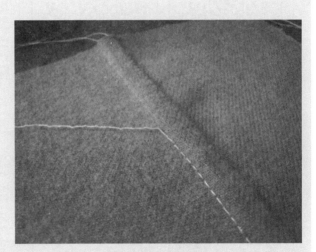

图 6-85　暗缲固定

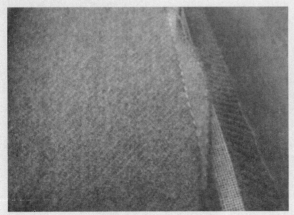

图 6-86　袖口、下摆加烫粘衬

图 6-87　手针暗缲完成

拓展视频资源

视频：对褶裙 – 制作前准备

视频：对褶裙制作：拷边

视频：对褶裙制作：绱腰，装拉链

视频：对褶裙制作：收省，做褶裥

视频：对褶裙制作：手缝，整理

视频：对褶裙制作：整理，整烫

视频：对褶裙制作：中间熨烫、合缝

视频：西服裙 – 制作前准备

视频：西服裙 – 装拉链

视频：西服裙 – 做开衩

视频：服装制版方法与工具

知识拓展：服装制作工艺名词术语

视频：裙子成型原理与规格设计

视频：纸样的分类及形式

视频：制版工作要求与素养

视频：女西服、西裤排料、裁剪

视频：女西裤制作工艺 – 收前省，做斜插袋

视频：女西裤制作工艺 – 收后省，做后袋

视频：女西裤制作工艺 – 做腰，装腰

视频：女西服制作工艺 – 做前片，做口袋

视频：女西服制作工艺 – 做后背开衩

视频：女西服制作工艺 – 做袖子

视频：女西服制作工艺 – 做前片止口、合侧缝、肩缝

视频：女西服制作工艺 – 做领装领

视频：女西服制作工艺 – 装袖

REFERENCES

参考文献

［1］杨旭，刘艳斌.男装设计与制作［M］. 北京：化学工业出版社，2017.

［2］许涛. 服装制作工艺——实训手册［M］. 北京：中国纺织出版社，2007.

［3］阎学玲，王姝画，王式竹. 服装缝制工艺基础［M］. 北京：中国轻工业出版社，2008.

［4］陈霞. 服装制作工艺与技术［M］. 北京：化学工业出版社，2014.